高职高专

U0595232

信息技术基础
项目化教程

第二版

主 编 葛俊杰 纪志凤
参 编 高 晶 颜廷法 栾志玲
辛飞飞 栾秀莲 成桂兰
刘静宜 王翠玲 吴旭军

中国石油大学出版社
CHINA UNIVERSITY OF PETROLEUM PRESS

山东·青岛

图书在版编目（CIP）数据

信息技术基础项目化教程 / 葛俊杰，纪志凤主编
. -- 2 版. -- 青岛：中国石油大学出版社，2022.7
ISBN 978-7-5636-7490-9

I. ①信… II. ①葛… ②纪… III. ①电子计算机 –
高等职业教育 – 教材 IV. ①TP3

中国版本图书馆 CIP 数据核字(2022)第 084089 号

书　　名：信息技术基础项目化教程
主　　编：葛俊杰　纪志凤

责任编辑：刘玉兰（电话 0532-86981535）
封面设计：赵志勇

出 版 者：中国石油大学出版社
　　　　　（地址：山东省青岛市黄岛区长江西路 66 号　邮编：266580）
网　　址：http://cbs.upc.edu.cn
电子邮箱：eyi0213@163.com
印 刷 者：济南圣德宝印业有限公司
发 行 者：中国石油大学出版社（电话 0532-86983437）
开　　本：787 mm×1 092 mm　1/16
印　　张：13.5
字　　数：346 千字
版 印 次：2022 年 7 月第 2 版　2022 年 7 月第 1 次印刷
书　　号：ISBN 978-7-5636-7490-9
印　　数：1—5000 册
定　　价：32.80 元

前　　言

本教材以国务院发布的《国家职业教育改革实施方案》、教育部印发的《职业院校教材管理办法》以及国家教材委员会印发的《全国大中小学教材建设规划（2019—2022 年）》等相关文件为指导，以 Windows 10 及 Microsoft Office 2016 为平台，采用基于工作过程的教学理念，以项目和任务为载体引领教学内容，强调理论与实践相结合，旨在突出对高职高专学生基本技能、实际操作能力及职业能力的培养。

本教材按照"以学生为中心，以能力培养为导向，促进自主学习"的思路开发设计。全书以报名参加"烟台职业学院 2020 年面向社会公开招聘工作人员"相关事项为主线，通过招聘简章的排版、宣传单的制作、报名表的生成、准考证制作、考生成绩统计与分析、面试演讲等相关任务构建教学内容，结合当前计算机网络及人工智能等新技术的重要应用，通过网页制作、处理照片、制作二维码、录制和编辑视频、体验 Python 在数据可视化中的应用和开发简单的人工智能应用等具体任务，提高学生的办公技能，感知人工智能的开发过程，掌握多项网络实用操作，让学生能够轻松体验享受信息化时代的科技成果。内容选取既适合高职学生的特点，又突出职业性、可操作性和实用性，并引入课程思政因素，注重培养学生的信息素养，体现"以学生为主体，以教师为主导，以能力为本位"的教育理念与方法。

本书体现新形态一体化教材的特点，将配套建设微课视频、课程标准、授课计划、授课用 PPT、课后习题、任务素材等数字化学习资源，实现纸质教材+数字资源的合理结合。每个任务的难点、重点都录制了操作微视频，学生可以通过扫描书中的二维码观看教学视频，便于学生即时学习和个性化学习，从而激发学习兴趣，提升学习效果。

本书遵循校企合作的开发特征，由烟台职业学院信息工程系基础教研室教师与神龙工作室、人工智能研究领域专家吴旭军老师等共同编写。本书主编多年来一直参与普通高等教育"十一五"国家级规划教材《计算机文化基础》（高职高专版）（新版更名为《计算机应用基础》）的编写工作，编写团队长期从事计算机基础教学，既具有丰富的教学经验，也了解社会对人才的需求。编写中既注重基础知识和实用技能，又考虑新技术与新领域，编排结构严谨准确，用例新颖恰当，直接面向高等职业院校的教学，力求使教师教起来方便，学生学起来实用。本书既可作为高等院校计算机公共课程的教材，也可以作为各类计算机应用基础的培训教材，还可供计算机初学者自学参考。

　　由于作者水平有限，书中难免存在疏漏之处，敬请读者批评指正，以使本教材在修订时得以完善和提高。

编　者

2022 年 3 月

目　录

项目一 使用 Windows 10 操作系统管理计算机

项目介绍

1. 项目情景

在计算机系统中，操作系统是配置在计算机硬件平台上的最重要的系统软件，如果不安装操作系统，计算机就无法使用。用户通过操作系统提供的命令和有关规范来操作和管理计算机。Windows 10 操作系统是 Microsoft 公司开发的具有革命性变化的操作系统，由于它硬件支持良好，应用程序众多，具备出色的媒体和网络等功能，从而获得了个人电脑操作系统软件的垄断地位。Windows 10 功能强大而完善，它可以进行个性化设置，可以管理计算机的资源，也可以为用户提供各种服务而不需要借助第三方软件。

操作系统知识是学习其他计算机知识和操作计算机的基础，对计算机系统的管理及使用非常关键，可以为我们今后的工作、学习奠定扎实的基础。

2. 项目应用

操作系统是用户操作计算机的基础。学习 Windows 10 操作系统的基本知识，可以更方便、更有效地为今后的学习、工作和生活奠定良好的计算机操作基础。通过设计的项目实施，力求解决以下计算机操作问题：

（1）通过 Windows 10 设置，根据自己的喜好完成修改桌面背景、调整分辨率、更改系统的外观和功能，定制个性化的工作环境；完成添加打印机，设置以太网的 IP 地址、Internet 属性和电源选项，卸载不需要的软件应用及管理用户账户等操作。

（2）使用"此电脑"和"文件资源管理器"熟练完成文件和文件夹的新建、重命名、复制、移动、删除、属性设置和查找等操作，具备文件、文件夹或其他资源的管理水平。

（3）使用 Windows 10 自带的实用工具完成画图、截图、磁盘清理、步骤记录、录屏等操作，有效地利用计算机解决实际问题。

笔记

项目实施

任务 1 通过 Windows 10 设置配置系统资源

➤ 任务目的

1. 掌握 Windows 10 桌面背景及屏幕保护程序的设置方法。
2. 掌握桌面字体大小及屏幕分辨率的设置。
3. 掌握输入法的添加与删除。
4. 掌握应用程序的卸载。
5. 能够添加和设置打印机等硬件设备。
6. 掌握创建账户并设置密码的操作。
7. 会设置 Internet 属性和 IP 地址。
8. 通过查看计算机的基本信息了解系统配置。
9. 掌握计算机的硬件系统和软件系统。

➤ 任务要求

1. 初识计算机的硬件系统和软件系统。
2. 打开"设置"窗口。
3. 将项目素材中"项目一\任务 1\桌面背景"文件夹中的图片设置为桌面背景，每隔 10 分钟无顺序切换。
4. 设置屏幕保护程序为 3D 文字"我的电脑"，时间为"等待" 3 分钟。
5. 将桌面文本大小设置为 150%，屏幕分辨率设置为 1920×1080。
6. 微软五笔输入法的添加与删除。
7. 添加一台型号为 Microsoft PCL6 Class Driver 的打印机，并将其设置为共享打印机。
8. 卸载程序 WinRAR。
9. 创建名为"newuser"的本地账户，并设置账户类型为"管理员"，密码为"123456"。
10. 使用"newuser"账户登录 Windows，再注销本账户。
11. 为以太网指定 IP 地址（10.12.0.100）、子网掩码（255.255.255.0）和网关（10.12.0.1）。
12. 在"Internet 属性"中设置主页地址为 https://www.baidu.com/，并设置在历史记录中网页的保存天数为 0 天。
13. 设置关闭显示器时间和计算机睡眠时间分别为 10 分钟和 30 分钟。
14. 查看计算机的基本信息并设置允许远程访问。

> ## 任务实施

1. 计算机的硬件系统和软件系统

一个完整的计算机系统由硬件系统和软件系统两大部分组成。硬件是计算机完成工作的物质基础。软件的作用在于对计算机硬件资源的有效控制与管理，提高计算机资源的使用效率，协调计算机各组成部分的工作，并在硬件提供的基本功能的基础上扩展计算机的功能，提高计算机运行各类应用任务的能力。计算机的系统组成如图 1-1 所示，常见的计算机硬件如图 1-2 所示。

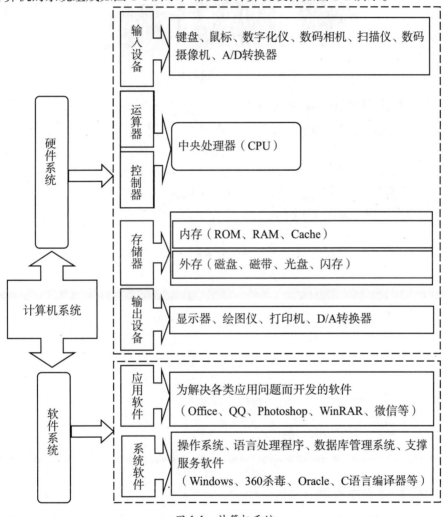

图 1-1　计算机系统

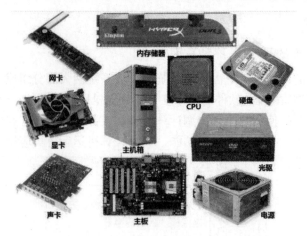

图 1-2　常见计算机硬件

2. 打开 Windows 设置窗口

三种常用的打开"设置"窗口的方式如下：

（1）单击"开始"→"设置"按钮⚙。

（2）右击"开始"→"设置"命令。

（3）在搜索框中键入"设置"，并按回车键。

"设置"窗口如图 1-3 所示。

图 1-3　"设置"窗口

1-1-1
设置桌面背景

3. 设置桌面背景

（1）在"设置"窗口中，选择"个性化"选项，或者在桌面的空白区域右击，在弹出的快捷菜单中选择"个性化"命令，均可打开"个性化"窗口。

（2）单击"背景"下拉列表框，选择"幻灯片放映"，在"为幻灯片选择相册"下单击"浏览"，找到项目素材"项目一\任务 1\桌面背景"文件夹，单击"选择此文件夹"，如图 1-4 所示，返回背景设置窗口后将"图片切换频率"设置为 10 分钟，"无序播放"设置为"开"，关闭窗口完成设置。

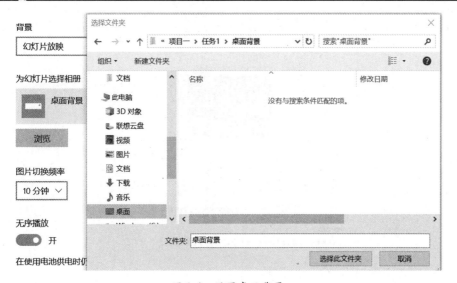

图 1-4　设置桌面背景

4. 设置屏幕保护程序

（1）在"设置"窗口中，选择"个性化"选项，或者在桌面的空白处右击，在弹出的快捷菜单中选择"个性化"命令，打开"个性化"窗口。单击左侧"锁屏界面"，如图 1-5 所示，在右侧窗口将滚动条拉到最下面，找到"屏幕保护程序设置"链接，单击该链接打开"屏幕保护程序设置"对话框，如图 1-6 所示。

（2）在"屏幕保护程序"下拉列表框中选择"3D 文字"，在"等待"组合框中设置等待时间为 3 分钟。单击"设置"按钮，打开"3D 文字设置"对话框，在"自定义文字"文本框中录入文字"我的电脑"，并进行字体、旋转类型等设置，单击"确定"按钮完成设置。

图 1-5　个性化窗口

1-1-2
设置屏幕保护
程序

笔记

图 1-6　"屏幕保护程序设置"对话框

5. 设置屏幕分辨率

在"设置"窗口中选择"系统"选项，或者在桌面空白处右击，从弹出的快捷菜单中选择"显示设置"命令，打开显示设置窗口，如图 1-7 所示，在"更改文本、应用等项目的大小"下拉列表中选择"150%（推荐）"，在"显示分辨率"下拉列表中选择"1920×1080（推荐）"，关闭窗口完成设置。

图 1-7　显示设置窗口

6. 添加与删除输入法

（1）在"设置"窗口中，选择"时间和语言"选项，然后在左侧窗格选择

"语言"，打开语言设置窗口，如图 1-8 所示。

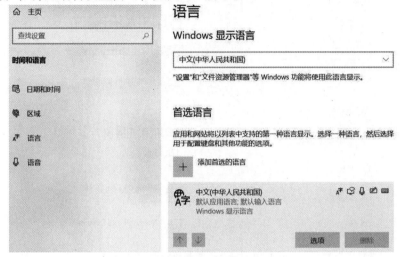

图 1-8　语言设置窗口

（2）单击选定右侧窗格的"中文（中华人民共和国）"，单击"选项"命令，打开的窗口如图 1-9 所示，选择"添加键盘"，在弹出的菜单中选择"微软五笔"即可完成操作。

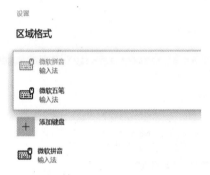

图 1-9　添加键盘界面

> 📖　还可以怎样对输入法进行设置？
> ◆　在任务栏上右击输入法按钮，在快捷菜单中选择"设置"，可以对输入法进行设置。

（3）选择刚刚添加的输入法"微软五笔"，单击"删除"命令，即可删除该输入法。

7. 添加打印机并设置共享

（1）打开"设置"窗口，选择"设备"选项，在左侧窗格选择"打印机和扫描仪"，打开打印机和扫描仪设置窗口，如图 1-10 所示。

1-1-3
添加打印机

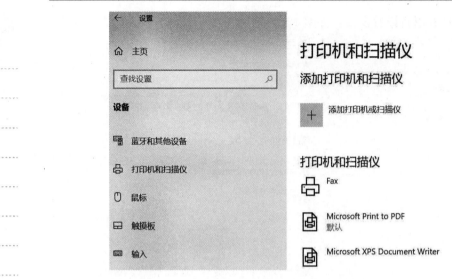

图 1-10　打印机和扫描仪设置窗口

（2）单击"添加打印机或扫描仪"链接，等待一段时间后，选择"我需要的打印机不在列表中"，打开图 1-11 所示对话框，选中"通过手动设置添加本地打印机或网络打印机"选项，单击"下一步"。

图 1-11　查找打印机

（3）在出现的对话框中选中"使用现有的端口"选项（默认 LPT1 打印机端口），单击"下一步"。

（4）在出现的对话框中，厂商选择"Microsoft"，打印机选择"Microsoft PCL6 Class Driver"，如图 1-12 所示，单击"下一步"，打印机名称默认，再单击"下一步"。

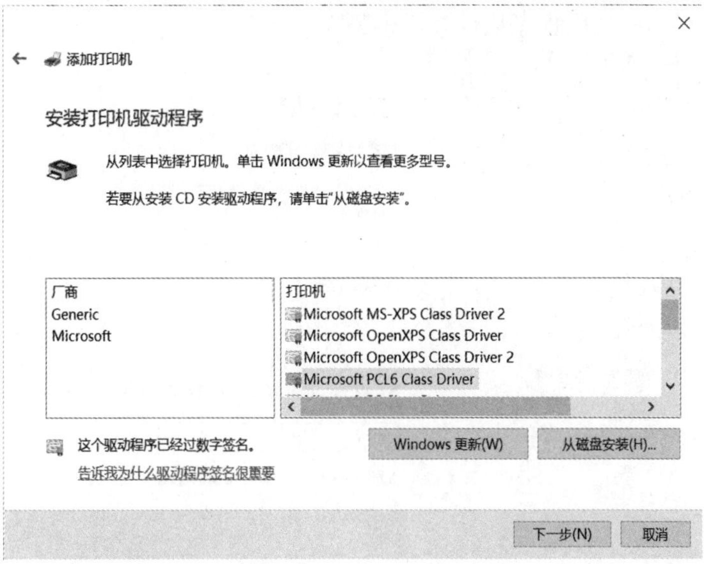

图 1-12 安装打印机驱动程序

（5）在出现的对话框中选中"共享此打印机以便网络中的其他用户可以找到并使用它"选项，共享名称默认，如图 1-13 所示，单击"下一步"，最后单击"完成"，打印机安装完成。

图 1-13 设置打印机共享

在同一网络中的其他用户可以通过添加网络打印机实现对这台共享打印机的访问，按向导安装这台打印机的驱动程序，以后就可以使用这台网络打印机了。

8. 卸载程序

打开"设置"窗口，选择"应用"选项，打开应用窗口，在右侧的搜索框中输入"winrar"，即可找到 WinRAR 应用程序，如图 1-14 所示，单击"卸载"，

则可将 WinRAR 应用程序从计算机中删除。

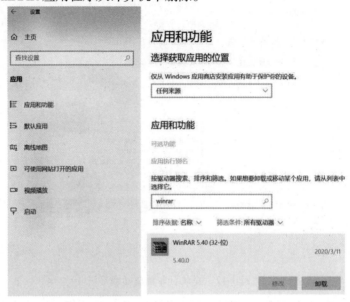

图 1-14　应用和功能窗口

还可以怎样卸载应用程序？
◆　在"开始"程序列表中选中要卸载的应用，或在任务栏搜索框中输入应用程序名称，选定后右击，在快捷菜单中选择"卸载"，也可以完成程序的卸载。

9. 创建账户和密码

（1）打开"设置"窗口，选择"账户"选项，在左侧窗格选择"家庭和其他用户"，打开家庭和其他用户设置窗口，如图 1-15 所示。单击右侧"将其他人添加到这台电脑"。

1-1-4
创建账户和密码

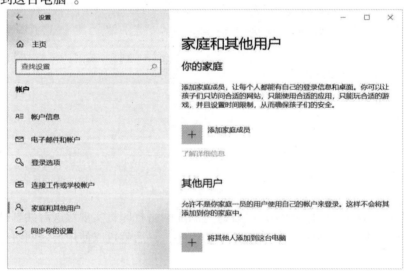

图 1-15　家庭和其他用户设置窗口

（2）在出现的对话框中选择"我没有这个人的登录信息"项，如图 1-16 所示，然后单击"下一步"。

图 1-16　新账户创建过程界面（一）

（3）在出现的对话框中选择"添加一个没有 Microsoft 账户的用户"项，如图 1-17 所示，然后单击"下一步"。

图 1-17　新账户创建过程界面（二）

（4）在出现的对话框中，在"谁将会使用这台电脑？"文本框中输入"newuser"，在"确保密码安全"文本框中输入"123456"（注意两次的输入应该一致），在"如果你忘记了密码"栏中，有 3 个安全问题和你的答案需要填写，以备密码忘记或丢失时给出提示，如图 1-18 所示。填写完毕，单击"下一步"。

笔记

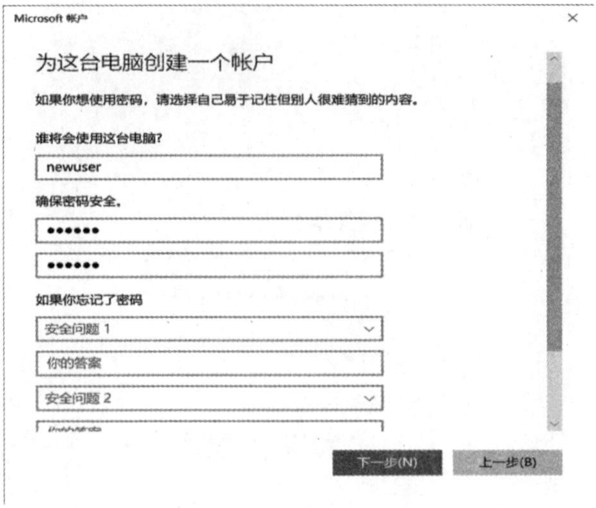

图 1-18　创建新账户窗口

（5）此时，可以看到名称为"newuser"的本地账户已经创建成功，如图 1-19 所示。如果要删除本账户，直接选中它，单击"删除"命令即可。

图 1-19　账户创建成功界面

> 除了创建本地账户外，还可以创建什么账户？
> ◆ 除了创建本地账户外，还可以创建 Microsoft 账户。Microsoft 账户除了可登录 Windows 操作系统外，还可登录 Windows Phone 手机操作系统，实现电脑与手机同步。同步内容包括日历、配置、密码、电子邮件、联系人、OneDrive 等。可通过"设置"→"账户"→"电子邮件和账户"→"添加 Microsoft 账户"完成操作。

10. 账户的登录与注销

登录：单击"开始"按钮，在菜单左侧单击账户图标，弹出图 1-20 所示菜单，单击"newuser"，弹出图 1-21 所示的登录界面，在密码框中输入"123456"，按回车键或单击"提交"按钮，进入新账户的桌面。

注销：单击"开始"按钮，在菜单左侧单击账户图标，打开图 1-20 所示菜单，单击"注销"就可以退出当前的登录账户。

图 1-20　账户菜单　　　　　　　　　图 1-21　账户登录界面

11. 设置 IP 地址

（1）在"设置"窗口中选择"网络和 Internet"选项，即可打开网络和 Internet 设置窗口，如图 1-22 所示。

图 1-22　网络和 Internet 设置窗口

（2）单击窗口右侧的"更改适配器选项"链接，打开"网络连接"窗口，右击"以太网"，选择快捷菜单中的"属性"命令，可打开其属性对话框，如图 1-23 所示。

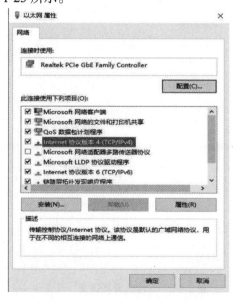

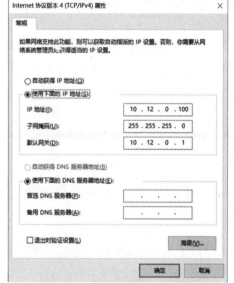

1-1-5
设置 IP 地址

图 1-23　"以太网属性"对话框　　　　　图 1-24　IP 地址设置对话框

（3）在列表中选择"Internet 协议版本 4（TCP/IPv4）"，单击"属性"按钮，弹出的属性设置对话框如图 1-24 所示。选择"使用下面的 IP 地址"选项，按任

笔记

务要求输入 IP 地址、子网掩码和网关，单击"确定"按钮完成设置。

12. Internet 属性设置

（1）在网络和 Internet 设置窗口中单击右侧底部的"网络和共享中心"链接，即可打开"网络和共享中心"窗口，如图 1-25 所示。

图 1-25　"网络和共享中心"窗口

（2）单击左下角的"Internet 选项"链接，即可打开"Internet 属性"对话框，如图 1-26 所示，在"主页"文本框中输入"http://www.baidu.com/"。

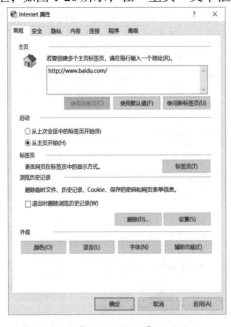

图 1-26　"Internet 属性"对话框

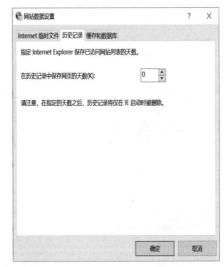

图 1-27　"网站数据设置"对话框

（3）单击"浏览历史记录"栏中的"设置"按钮，打开"网站数据设置"对话框，如图 1-27 所示。切换至"历史记录"选项卡，将"在历史记录中保存网页的天数"设置为 0，单击"确定"按钮完成设置。

13. 设置关闭显示器时间和计算机睡眠时间

在"设置"窗口中，选择"系统"选项，然后在弹出窗口的左侧单击"电源和睡眠"链接，如图 1-28 所示，分别在右侧"屏幕"和"睡眠"项的下拉列表框中按任务要求进行时间设置。

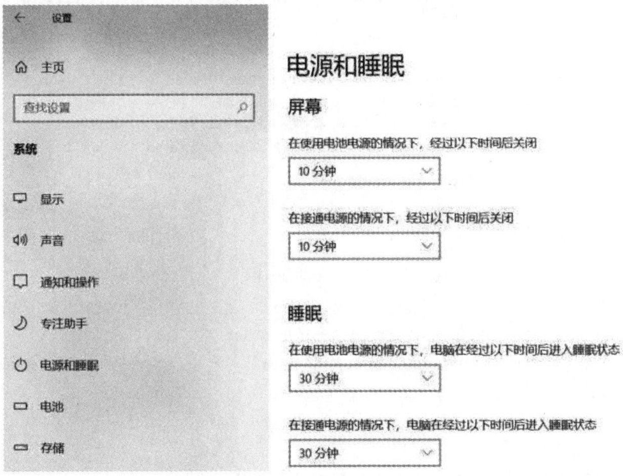

笔记

图 1-28　电源和睡眠设置窗口

14. 查看计算机的基本信息和设置允许远程访问

（1）单击图 1-28 所示窗口左侧底部的"关于"链接，可查看计算机的基本信息，如图 1-29 所示。也可以在"控制面板"窗口中单击"系统和安全"链接打开"系统和安全"窗口，在此窗口中单击"系统"链接打开"系统"窗口，如图 1-30 所示。我们可以查看操作系统的名称和版本、处理器型号和主频、内存（RAM）的大小、系统类型、计算机名称和所属工作组以及 Windows 是否激活等信息。

1-1-6
设置关闭
显示器时间

图 1-29　查看计算机的基本信息

笔记

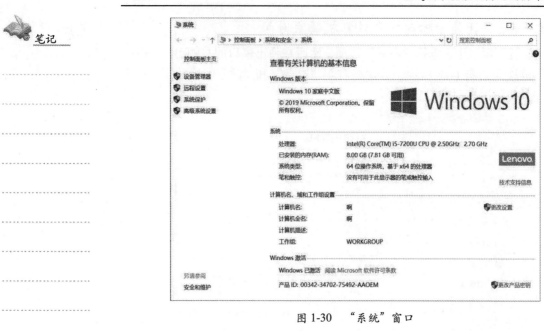

图 1-30　"系统"窗口

（2）在"系统"窗口中单击"更改设置"链接，打开"系统属性"对话框（图 1-31），切换至"远程"选项卡，勾选"允许远程协助连接这台计算机"，单击"确定"完成设置。通过 Windows 远程协助可以将两台计算机连接起来，这样其中一个人就可以帮助解答或修复另一个人计算机上的问题。

图 1-31　"系统属性"对话框

> 查看计算机基本信息的方法还有哪些？
> ◆ 右击"开始"按钮，选择"系统"命令，也可以查看计算机的基本信息。
> ◆ 右击"此电脑"，选择"属性"命令，打开"系统"窗口，也可以查看计算机的基本信息。

> **拓展训练**

笔记

1. 使用 Windows 10 任务视图和虚拟桌面提高工作效率。

在 Windows 10 系统中，当我们需要分类处理很多不同类型的任务或需要在系统桌面重复做以前执行过的操作时，就需要使用任务视图和虚拟桌面来协助工作。

（1）打开"活动历史记录"功能：

使用"任务视图"功能之前，需要先将"活动历史记录"这个功能打开。

依次单击"开始"→"设置"→"隐私"→"活动历史记录"，选中"在此设备上存储我的活动历史记录"复选框，即可完成操作，如图 1-32 所示。

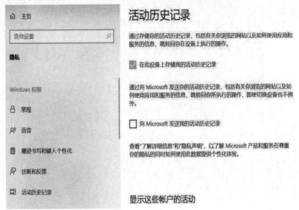

图 1-32 打开"活动历史记录"功能

（2）打开任务视图：

通过 Windows 徽标键+Tab 组合键可打开任务视图。

如果在任务栏上没显示"任务视图"按钮，可在任务栏上右击，在弹出的快捷菜单中选择"显示任务视图按钮"命令，单击"任务视图"按钮打开任务视图，如图 1-33 所示。

图 1-33 任务视图

在任务视图中，我们可以看到当前桌面打开的任务。单击任务预览图标，可以切换到具体的任务窗口。此外，如果我们向下翻页，还可以查看此前 30 天内当前桌面上执行过的各种任务，例如昨天编辑的某个 Excel 工作簿或者 PPT，上周某个时间浏览的某个网页、电脑中用 Photoshop 处理的某张照片等。

（3）创建并使用虚拟桌面。

将任务视图翻到第一页，显示当前桌面任务窗口后，单击任务视图左上角的"新建桌面"按钮，可以在任务视图中新建一个桌面。继续单击"新建桌面"按钮可以创建更多的新桌面。将鼠标指针放置在桌面略缩图中，可以预览选中桌面中打开的任务窗口，如图 1-34 所示。

图 1-34　预览任务窗口

单击新建的桌面，将切换到另一个系统桌面。通过新建桌面与切换桌面，我们可以在一台电脑的多个不同桌面中分类执行不同的任务。例如，在桌面 1 中处理 Excel 表格、在桌面 2 中浏览网页等。

如果要在任务视图中删除某个桌面，只需单击视图右上角的"×"按钮即可。

（4）虚拟桌面常用的快捷键：

① 按下 Ctrl+Win+D 组合键将立即创建一个新的虚拟桌面并切换到该桌面。

② 按下 Ctrl+Win+F4 组合键将立即删除当前虚拟桌面，并切换到相邻的左侧虚拟桌面。

③ 按下 Ctrl+Win+→组合键将立即切换到相邻的右侧虚拟桌面。

④ 按下 Ctrl+Win+←组合键将立即切换到相邻的左侧虚拟桌面。

⑤ 按下 Alt+Tab 组合键可以在当前桌面上切换多任务窗口。

2. 更改鼠标指针大小和颜色。

（1）如果在屏幕上难以发现鼠标指针，可以将其变大和更改颜色以便于查看。方法是：依次单击"开始"→"设置"→"轻松使用"→"光标和指针"，打开光标和指针窗口。

（2）如图 1-35 所示，通过"更改指针大小"和"更改指针颜色"进行设置，就能完成更改鼠标指针大小和颜色的操作。

更改指针大小和颜色

更改指针大小

更改指针颜色

建议的指针颜色

选择自定义指针颜色

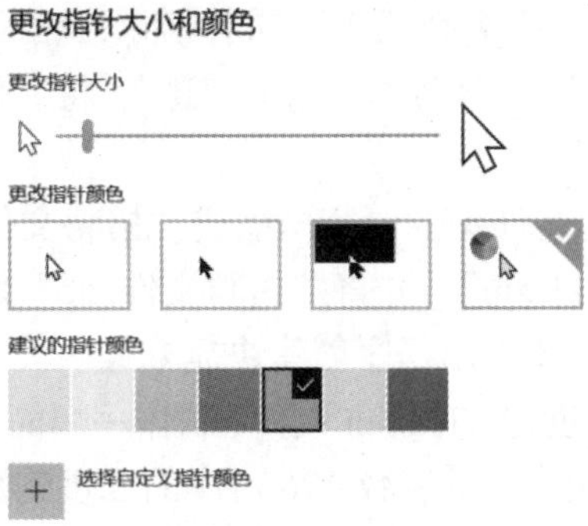

图 1-35 更改指针大小和颜色

任务 2 文件与文件夹的管理和实用工具的使用

➢ 任务目的

1. 通过 Windows 10 "文件资源管理器"或"此电脑"实现对文件与文件夹的管理，获得管理计算机资源的能力。

2. 熟练掌握文件和文件夹的选定、新建、重命名、复制、移动、删除、属性设置和查找操作。

3. 掌握回收站的基本操作。

4. 会创建压缩文件，能将压缩文件解压缩到目标位置。

5. 能熟练地为不同的对象建立、删除快捷方式。

6. 掌握"画图""计算器"等程序的应用。

7. 会使用 Windows 10 自带工具完成截图、磁盘清理、步骤记录等操作。

➢ 任务要求

1. 利用"文件资源管理器"或"此电脑"打开项目素材"项目一\任务 2"。

2. 在"招聘文件"文件夹中新建一个名为"学院简介.txt"的文件。

3. 在"招聘文件"文件夹中建立"党员证明"子文件夹。

4. 将"报考须知"文件夹中名为"党员证明信.docx"的文件复制到"党员证明"文件夹中。

5. 将文件"综合类、医疗类岗位进入面试范围人员名单.xls"移到"面试信息"文件夹中，并将文件夹"面试信息"移到"招聘文件"文件夹中。

6. 设置文件夹选项为"显示隐藏的文件或文件夹"，并在"招聘文件"文件夹中搜索隐藏文件"双一流建设高校名单.docx"，去除其"隐藏"属性。

7. 将文件"党员证明信""单位同意报考证明信""2020 年烟台职业学院公

笔记

开招聘双一流高层次人才报名登记表"同时删除，然后清空回收站。

8. 将文件夹"笔试"重命名为"笔试信息"，将文件夹"健康"改为"健康信息"。

9. 将"招聘文件"文件夹的内容压缩成"招聘文件.zip"，将文件夹"成绩公示"添加到"招聘文件.zip"，并将"招聘文件.zip"解压到桌面。

10. 在桌面上为 Word 应用程序创建快捷方式。

11. 用"画图"程序创建 TU.bmp 文件，制作一幅简单图画，保存在桌面上。

12. 用"计算器"计算十进制数 196 对应的二进制数、八进制数和十六进制数。

13. 对 C 盘进行磁盘清理，增加可用存储空间。

14. 利用"截图工具"截取"控制面板"窗口并保存。

15. 使用录屏功能录制一段操作屏幕的视频。

➤ 任务实施

1. 打开"文件资源管理器"

打开"文件资源管理器"有以下几种方法：

（1）右击"开始"按钮，在出现的快捷菜单中选择"文件资源管理器"。

（2）依次单击"开始"→"Windows 系统"→"文件资源管理器"。

（3）单击固定在任务栏中的"文件资源管理器"按钮。

打开"文件资源管理器"窗口，在左窗格中依次展开"桌面"→"项目素材"→"项目一"→"任务 2"，右窗格中显示的即为"任务 2"文件夹中的所有文件、文件夹。

2. 新建文件

（1）在"文件资源管理器"窗口的左窗格中单击"任务 2"文件夹中的"招聘文件"文件夹，右窗格中显示的即为"招聘文件"文件夹中的所有文件、文件夹。

（2）在右窗格中的空白处右击，打开的快捷菜单如图 1-36 所示，选择"新建"→"文本文档"命令；也可通过功能区"主页"→"新建"→"新建项目"→"文本文档"命令，如图 1-37 所示。在右窗格中可以看到新建的文本文档，将主文件名改为"学院简介"，单击空白处确定。

1-2-1
新建文件

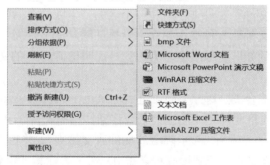

图 1-36 "新建"级联菜单

图 1-37　"主页"选项卡"新建项目"下拉菜单

3. 新建文件夹

在"文件资源管理器"左窗格中打开"招聘文件"文件夹，在右窗格空白处右击，打开图 1-36 所示快捷菜单，选择"新建"→"文件夹"，在右窗格中可以看到新建的文件夹，将文件夹名改为"党员证明"，单击空白处确定。也可通过功能区"主页"→"新建"→"新建文件夹"命令实现。

4. 复制文件或文件夹

（1）在"文件资源管理器"左窗格中单击"报考须知"文件夹，在右窗格中显示"报考须知"文件夹下的所有文件和文件夹。右击"党员证明信"文件图标，单击快捷菜单中的"复制"命令，或者单击功能区"主页"→"剪贴板"→"复制"按钮，或者使用快捷键 Ctrl+C，将所选文件复制到剪贴板。

（2）打开"党员证明"文件夹，在其右窗格空白处右击，再单击快捷菜单中的"粘贴"命令，或者单击功能区"主页"→"剪贴板"→"粘贴"按钮，或者使用快捷键 Ctrl+V，则将所选文件复制到"党员证明"文件夹中。

5. 移动文件或文件夹

（1）在左窗格中打开"任务 2"文件夹，在右窗格中右击"综合类、医疗类岗位进入面试范围人员名单.xls"文件图标，选择快捷菜单中的"剪切"命令，或者单击功能区"主页"→"剪贴板"→"剪切"按钮，或者使用快捷键 Ctrl+X，将所选文件剪切到剪贴板。

（2）在左窗格中打开"面试信息"文件夹，在右窗格空白处右击，再单击快捷菜单中的"粘贴"命令，或者单击功能区"主页"→"剪贴板"→"粘贴"按钮，或者使用快捷键 Ctrl+V，则将所选文件移到"面试信息"文件夹中。

（3）在左窗格中右击文件夹"面试信息"，在快捷菜单中选择"剪切"命令。

（4）在左窗格中打开"招聘文件"文件夹，在右窗格空白处右击，选择快捷菜单中的"粘贴"命令。

> 　你会通过鼠标的拖动实现文件和文件夹的移动或复制吗？
> ◆ 对相同盘符下文件和文件夹的复制，需按住 Ctrl 键，通过鼠标拖动进行操作；如果进行移动操作，直接用鼠标拖动文件和文件夹到目标位置即可。对不同盘符下文件和文件夹的复制，直接用鼠标拖动到目标位置；如果进行移动操作，需按住 Shift 键，通过鼠标拖动来实现。

笔记

1-2-2
复制文件

6. 查找文件并去除其隐藏属性

（1）在"文件资源管理器"窗口中，单击"查看"→"显示/隐藏"，选中"隐藏的项目"，如图 1-38 所示。还可通过单击"查看"→"选项"按钮，打开"文件夹选项"对话框，如图 1-39 所示，单击"查看"选项卡，选中"高级设置"列表框中的"显示隐藏的文件、文件夹和驱动器"，单击"确定"按钮。

图 1-38   "查看"选项卡

（2）打开"招聘文件"文件夹，在"搜索"框中输入"双一流建设高校名单"，则在窗口中出现搜索结果。

（3）右击搜索到的"双一流建设高校名单"，在快捷菜单中选择"属性"，在弹出的图 1-40 所示的对话框中取消"隐藏"的复选状态，单击"确定"按钮完成设置。也可选中该文件，单击"查看"→"显示/隐藏"→"隐藏所选项目"命令实现操作。

1-2-3
查找文件并去除
其隐藏属性

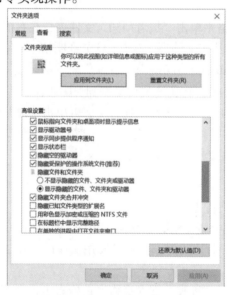

图 1-39   "文件夹选项"对话框

图 1-40   文件属性对话框

7. 同时删除多个文件，并清空回收站

（1）在"文件资源管理器"左窗格中单击"报考须知"文件夹，在右窗格中按住 Ctrl 键并依次单击"2020 年烟台职业学院公开招聘双一流高层次人才报名登记表""单位同意报考证明信""党员证明信"，将它们同时选中。

（2）鼠标指向任意一个被选中的对象，右击，在打开的快捷菜单中单击"删除"命令，或者单击功能区"主页"→"组织"→"删除"按钮✖，然后在打开的"删除多个项目"对话框中单击"是"按钮，则删除的文件和文件夹移入回收站。

（3）双击桌面上的"回收站"图标，打开"回收站"窗口，如图 1-41 所示。

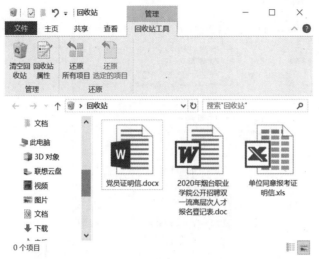

图 1-41　"回收站"窗口

（4）单击"管理/回收站工具"选项卡中的"清空回收站"按钮，或在"文件资源管理器"右窗格空白处右击，在快捷菜单中单击"清空回收站"命令，打开"删除多个项目"对话框，然后单击"是"按钮。

> ⊞　**你会文件和文件夹的选定操作吗？**
> ◆　对于文件和文件夹的选定，可通过快捷键 Ctrl+A 进行全选操作，按住 Ctrl 键进行不连续文件和文件夹的选定，按住 Shift 键进行连续文件和文件夹的选定。
> ⊞　**怎样直接删除文件或文件夹而不进回收站？**
> ◆　如果要直接删除文件或文件夹，而不进回收站，应先按住 Shift 键，再进行删除操作。也可通过设置回收站的属性实现此操作。

8. 文件或文件夹的重命名

（1）在"文件资源管理器"左窗格中展开"招聘文件"文件夹，在右窗格中右击"笔试"文件夹图标，然后单击快捷菜单中的"重命名"命令，或者单击功能区"主页"→"组织"→"重命名"按钮🔳，输入"笔试信息"并单击或按回车键确认。

（2）在"文件资源管理器"右窗格中右击"健康"文件图标，然后单击快捷菜单中的"重命名"命令，输入"健康信息"并按回车键确认。

> ⊞　**还可以怎样对文件和文件夹进行重命名？**
> ◆　对文件和文件夹的重命名，还可通过鼠标左键单击两下来实现。

9. 创建压缩文件并解压

（1）在"文件资源管理器"左窗格中展开"任务 2"文件夹，在右窗格中右击"招聘文件"文件夹，在图 1-42 所示的快捷菜单中选择"发送到"→"压缩（zipped）文件夹"命令，则即刻在当前文件夹中创建"招聘文件.zip"文件。

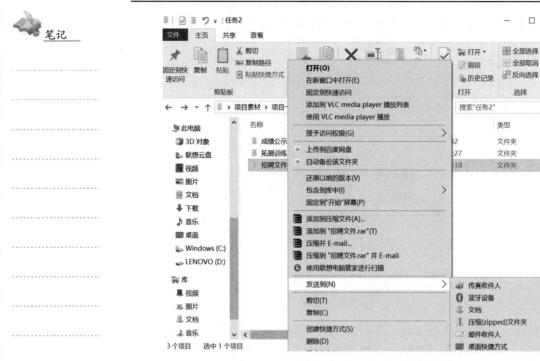

图 1-42　创建压缩文件快捷菜单

（2）直接用鼠标拖动文件夹"成绩公示"到右窗格的压缩文件"招聘文件.zip"上，即可将"成绩公示"添加到压缩文件"招聘文件.zip"里。双击"招聘文件.zip"，将打开图 1-43 所示窗口。

1-2-4
创建压缩文件

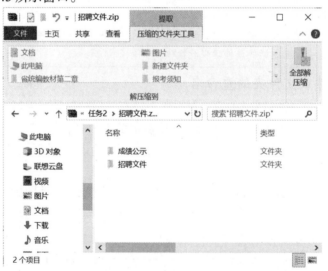

图 1-43　合并压缩文件

（3）如图 1-43 所示，单击功能区的"全部解压缩"命令，弹出图 1-44 所示对话框，单击"浏览"按钮，在打开的对话框中选择"桌面"，单击"选择文件夹"按钮返回图 1-44 所示对话框，最后单击"提取"按钮完成解压。

图 1-44 提取压缩文件对话框

10. 在桌面创建快捷方式

为 Word 应用程序在桌面上创建快捷方式，下面介绍 3 种操作方式：

（1）单击"开始"按钮，在程序列表中找到"Word 2016"，按住鼠标左键直接拖动到桌面上。

（2）单击"开始"按钮，找到"Word 2016"程序并右击，在快捷菜单中选择"更多"→"打开文件位置"，如图 1-45 所示，然后右击"Word 2016"，在弹出的快捷菜单中选择"发送到"→"桌面快捷方式"，如图 1-46 所示。

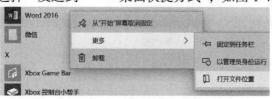

图 1-45 "更多"级联菜单

图 1-46 "发送到"级联菜单

（3）在任务栏搜索框中输入"Word"，右击找到的"Word 2016"程序，在快捷菜单中选择"打开文件位置"，右击"Word 2016"，在弹出的快捷菜单中选择"发送到"→"桌面快捷方式"，如图 1-46 所示。

11. 使用"画图"程序

依次单击"开始"→"Windows 附件"→"画图"，或在任务栏搜索框中输入"画图"并回车，打开"画图"应用程序。

1-2-5
"画图"程序的
使用

要制作一幅图片，首先要确定画布的大小。单击功能区中"图像"选项卡的"重新调整大小"按钮，在打开的对话框中设置画布的宽度和高度。也可以将光标移到画布右下角、底部或右边，当指针变成双向箭头形状时，按住鼠标左键拖曳来调整画布的大小。

"画图"程序中提供了很多实用工具，可以使用这些工具绘制各种图形，还可以裁剪区域、用色彩填充封闭区域、利用文本工具添加文字等。在图片绘制过程中的各种特殊处理都可在功能区中找到相应的命令。

画图完毕，通过快速访问工具栏的"保存"按钮以"TU.bmp"为文件名保存在桌面上，保存类型选择"256色位图"。

12. "计算器"的基本操作

（1）依次单击"开始"→"计算器"，或在任务栏搜索框中输入"计算器"并回车，即可打开"计算器"程序。

（2）单击左上角的"打开导航"按钮≡，选择菜单下的"程序员"命令，单击"DEC"项，在软键盘上输入"196"，即刻就能在"HEX"中显示对应的十六进制数值，在"OCT"中显示对应的八进制数值，在"BIN"中显示对应的二进制数值，如图1-47所示。

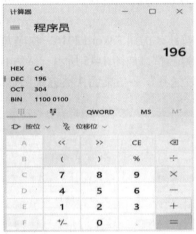

图1-47　"计算器"界面

田 怎样计算两个日期之间的间隔周数和天数？
◆ 使用"计算器"可以计算两个日期之间的间隔周数和天数。单击"打开导航"按钮，选"日期计算"项进行操作。

13. 磁盘清理

（1）依次单击"开始"→"Windows 管理工具"→"磁盘清理"，或在任务栏搜索框中输入"磁盘清理"并回车，在弹出的"磁盘清理：驱动器选择"对话框中选择 C 盘驱动器，单击"确定"按钮，打开磁盘清理对话框，如图1-48所示。

（2）选择要删除的项，单击"确定"按钮完成清理工作。

笔记

图 1-48　磁盘清理对话框

14. "截图工具"的使用

（1）依次单击"开始"→"Windows 附件"→"截图工具"，或在任务栏搜索框中输入"截图工具"并回车，即可启动截图工具。

（2）打开"控制面板"窗口，在截图工具的界面上单击"模式"按钮右边的小三角按钮，从列表中选择"窗口截图"。

（3）单击"新建"按钮，把鼠标放到"控制面板"窗口上，这时该窗口四周有一个红色边框，单击鼠标左键，将窗口图像捕获到"截图工具"里，如图 1-49 所示。如果"模式"选择"矩形截图"，此时整个屏幕就像被蒙上了一层白纱，按住鼠标左键拖动，选择要捕获的屏幕区域，然后释放鼠标，截图工作完成。可以使用笔、荧光笔等工具添加注释，也可通过 Esc 键或"截图工具"窗口的"取消"按钮取消截图，单击"新建"按钮重新截图。

1-2-6
截图工具的使用

图 1-49　"截图工具"窗口

笔记

（4）操作完成后，在工具栏上单击"复制"按钮，可以将截图复制到剪贴板，通过"粘贴"命令将图片插入Word文档。单击"保存截图"按钮，则弹出"另存为"对话框，输入截图的名称，选择保存截图的位置及保存类型，然后单击"保存"按钮可将截图以独立文件的形式保存在目标位置。

15. 屏幕录制

（1）单击"开始"→"设置"，打开"设置"窗口，单击"游戏"选项，在弹出的窗口中设置"使用游戏栏录制游戏剪辑、屏幕截图和广播"为"开"，如图1-50所示。

图 1-50　游戏栏设置窗口

（2）按Windows徽标键+G快捷键，或单击"开始"→"Xbox Game Bar"打开Xbox，如图1-51所示。单击"截取屏幕截图"按钮 可以捕获整个屏幕图像，单击"开始录制"按钮 开始录制屏幕。

图 1-51　录制屏幕工具面板

（3）录制完成后，单击"停止录制"按钮 停止录制，视频以文件形式自动保存至"此电脑"→"视频"→"捕获"里，文件格式为MP4，用视频播放软件可以将其打开。

> 怎样直接进行屏幕录制？
> ◆ 按住Windows徽标键+Alt+R快捷键可直接进行屏幕录制，无须打开图1-51所示的录制屏幕工具面板。

> **拓展训练**

打开"拓展训练"文件夹，使用给定的素材完成下列操作。

1. 将文件"简介.docx"的属性设置为"隐藏"。

2. 利用搜索功能查找"拓展训练"文件夹下所有以"R"开头的文件，并将搜索到的文件删除到回收站。

3. 将回收站中的"RBC.docx"还原，并清空回收站。

4. 在"C10"文件夹下建立名为"ABC"的子文件夹，并在该子文件夹下新建名称为 TEXT 的文本文件。

5. 将"BOOK"文件夹移到"C31"文件夹下。

6. 将文件"IPADRESS.txt"移到"C33"文件夹下，文件"RBC.docx"复制到"C33"文件夹下。

7. "截图和草图"的使用。

（1）单击"开始"→"截图和草图"，打开"截图和草图"应用程序窗口，如图 1-52 所示。

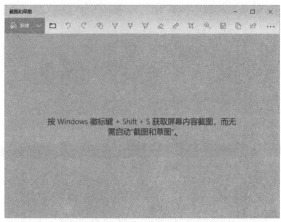

图 1-52 "截图和草图"窗口

（2）单击"新建"命令，弹出图 1-53 所示工具栏，这 5 个命令按钮功能依次是矩形截图、任意形状截图、窗口截图、全屏幕截图和关闭，根据需要选择一种截图方式截取图像。可以通过圆珠笔、铅笔、荧光笔、橡皮擦、标尺、量角器、裁剪等工具对图像进行编辑。

图 1-53 截图和草图"新建"工具栏

（3）按住 Windows 徽标键+Shift+S 组合键，能直接打开图 1-53 所示工具栏进行屏幕内容截图，而无须启动"截图和草图"应用程序。截取图像后，截图将保存到剪贴板中，此时，会在桌面右下角出现提示弹窗"保存到剪贴板的截图"，如果需要对截图进行编辑，还要点击这个弹窗。

（4）还可以使用 PrintScreen 键（部分键盘会将此单词进行缩写）实现与 Windows 徽标键+Shift+S 组合键操作相同的功能，让截图操作更加方便。但此功能默认关闭，需通过"开始"→"设置"→"轻松使用"→"键盘"，在窗口右侧找到"使用 PrtScn 按键打开屏幕截图"项，设为"开"，如图 1-54 所示。

图 1-54　使用 PrtScn 按键打开屏幕截图

8. 巧用 Windows 徽标键+句点（.）组合键。

按住 Windows 徽标键+句点（.）打开表情符号面板，如图 1-55 所示，里面有"表情符号""颜文字"和"符号"三大类，每一类下面又有很多小分类供用户选择，通过鼠标单击就可添加到插入点位置。"表情符号"类中有很多丰富的表情图片；"颜文字"类中包含文本和符号（如标点和货币符号）表情，以此表达想法；"符号"类中包含各类常用的符号。

图 1-55　表情符号面板

9. 使用步骤记录器记录添加本地账户的操作步骤，并以"record.zip"为文件名保存在桌面上。

（1）依次单击"开始"→"Windows 附件"→"步骤记录器"，或在任务栏搜索框中输入"步骤记录器"或"PSR"，回车，即可打开"步骤记录器"程序，如图 1-56 所示。

图 1-56　未开始录制的步骤记录器

（2）单击"开始录制"按钮，记录器会自动记录并整理创建本地账户过程的每一步操作，做成图文说明，记录过程中可以暂停记录和添加注释，如图 1-57 所示。操作完成后，单击"停止记录"按钮，在记录器中就能查看记录的步骤，还能以幻灯片的形式查看记录的步骤。

图 1-57　正在录制的步骤记录器

（3）单击工具栏"保存"按钮打开"另存为"对话框，输入"record"，路径选择桌面，单击"保存"，则刚才记录的操作步骤将以压缩文件的形式保存在桌面上，解压缩后即可通过浏览器打开文件查看。

10. 显示桌面。

（1）把鼠标移到任务栏最右边，单击"显示桌面"按钮，可返回桌面。

（2）按 Windows 徽标键+D 组合键能立即最小化所有窗口，返回桌面。

项目总结

　　通过实施 Windows 10 的配置系统资源、管理文件和文件夹、使用实用工具等具体工作任务，引导学习与两个工作任务相关联的计算机外观设计、系统资源配置、管理文件和文件夹、实用工具使用等知识，能够认识以 Windows 10 操作系统为核心的个人计算机操作系统，通过 Windows 10 设置定制个性化的工作环境，使用"此电脑"和"文件资源管理器"完成对文件、文件夹或其他资源的管理。能通过"设置"窗口管理计算机的软、硬件资源。会使用 Windows 10 自带的实用工具有效解决实际问题，提高学生操作计算机的水准，为今后的学习、工作和生活奠定良好的计算机操作基础。

笔记

项目二 使用 Word 进行文字处理

项目介绍

1. 项目情景

在现实的学习、工作和生活中，经常需要对各类文字、图片、表格等进行编排处理，学会 Word 则可以轻松完成这些工作。Microsoft Word 2016 是集文字编排、表格处理、图文混排于一体的办公软件，从制作通知、说明、论文、电子报刊到各行各业的事务处理，Word 的应用无处不在。

2. 项目应用

Word 是用户进行排版的重要工具。本项目以报名参加"烟台职业学院 2020 年面向社会公开招聘工作人员"相关事项为主线，通过招聘简章的排版、宣传单的制作、报名表的生成、长文档排版、应聘人员的准考证制作 5 个任务，学习 Word 强大的文字处理功能。通过设计的项目实施，力求解决以下计算机操作问题：

（1）能够完成文档的基本架构设计，熟练掌握文字格式化和段落格式化的操作方法，达到页面布局合理、美观的目的。

（2）可以轻松完成日常的文档设计与制作。

（3）掌握表格的制作和编辑，学会用表格清晰表达信息。

（4）通过 Word 2016 提供的强大的图文混排功能，能够制作图文并茂、色彩鲜明、美观大方的满足各行业需求的宣传文档。

（5）轻松处理长文档，会使用样式制作格式统一、条理清晰、易于阅读的具有专业水准的作品。

（6）能够通过邮件合并功能批量制作邀请函、会议通知、准考证等文档。

项目实施

任务 1 制作招聘简章

➢ 任务目的

1. 能够熟练使用 Word 2016 创建新文档。

2. 掌握页面格式的设置方法。

3. 掌握字体格式、段落格式的设置方法。

4. 能够熟练使用查找和替换功能替换字符、格式和特殊字符。

5. 能够熟练使用项目符号与编号。

6. 能够熟练使用格式刷快速格式化段落和文本。

7. 会添加文字水印作为背景。

8. 掌握为段落和文字添加边框和底纹的方法。

9. 会使用打印预览功能预览文档。

10. 具备基本的文字编辑能力，提高文档格式处理水平。

➤ 任务要求

1. 启动 Word 2016，熟悉软件界面。

2. 创建文档，打开个人创建模板。

3. 打开素材"项目二\任务 1\烟台职业学院招聘工作人员简章(原稿).docx"，设置上、下、左、右页边距都为 2 厘米，纸张方向为纵向，纸张大小为 A4 纸。

4. 设置第一行标题文字为宋体、一号，字体颜色为红色，加粗，字符大小缩放 90%，字符间距加宽 0.1 磅，居中显示；除标题行外的其他内容设置字体为宋体、小四号，设置段落为首行缩进 2 字符，段前、段后间距 0.5 行，1.25 倍行距。

5. 将文档中的"填报"替换为"报名"。

6. 给从"国家优质高职院校"至"全国定向培养直招士官试点院校"的段落添加项目符号"➤"；给"二、招聘对象和报考条件"下面的四个段落添加编号 1、2、3、…；给"报名时间""报名方式""网上初审"添加编号 1、2、3。

7. 将"一、招聘计划"设置为宋体、四号、加粗，利用格式刷给"二、招聘对象和报考条件""三、招聘办法与招聘程序""四、待遇"设置相同的格式；将"(一) 网上预报名"字体设置为加粗，利用格式刷给"(二) 博士和高级专业技术岗位直接考察"至"(七) 公示与聘用"六个标题设置相同的格式。

8. 为文档添加文字水印背景"烟台职业学院"，设置水印文字为宋体，字号为 60，颜色为"黑色，文字 1，淡色 50%"，半透明，斜式。

9. 将文件保存为"烟台职业学院招聘工作人员简章.docx"。

10. 使用打印预览功能观看效果。

➤ 任务实施

1. 熟悉软件界面

Word 2016 的窗口界面颜色提供了彩色、深灰色和白色等颜色，取消了界面中的 Word 图标，使其更具有美观性和实用性。启动 Word 2016 后，在打开的窗口中显示了最近使用的文档和程序自带的模板缩略图预览。这时，按 Enter 键或 Esc 键就可以进入空白文档界面,即文档的工作界面。界面的组成如图 2-1 所示。

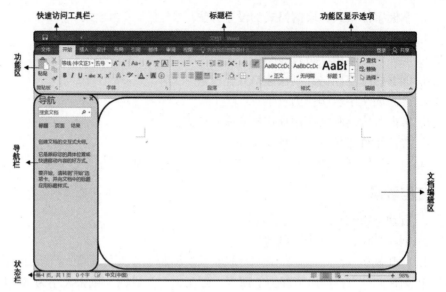

图 2-1　Word 2016 界面组成

2. 创建文档

（1）新建空白文档：

新建空白文档有四种方法，分别为：

① 启动 Word 2016 系统自动进入"新建"页面，选择"空白文档"，如图 2-2 所示，即可创建空白文档。

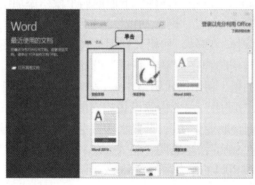

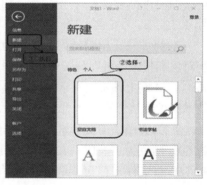

图 2-2　直接创建空白文档　　　　图 2-3　用"文件"选项卡创建空白文档

② 在图 2-1 所示界面中，执行"文件"→"新建"，在展开的"新建"页面中选择"空白文档"，如图 2-3 所示，即可创建空白文档。

③ 通过快速访问工具栏中的"新建"命令可以创建空白文档。

④ 通过 Ctrl+N 快捷键创建空白文档。

（2）使用模板创建文档：

要快速创建出指定样式的文档或是批量制作相同、相似的文档，可使用模板。系统为用户准备了很多类型的模板，在新建文档之前搜索适用的模板便可以直接使用。模板和文档的创建过程并没有太大区别，最主要的区别在于保存文件时的格式不一样，Word 2007 版本之后模板的扩展名为 dotx 或 dotm，所以想要设置个人模板只需创建一篇普通文档，最后保存为模板文件类型即可。

例如：打开素材"项目二\任务 1\烟台职业学院招聘工作人员简章（原稿）.docx"，选择"文件"→"另存为"→"浏览"，打开"另存为"对话框，在"保存类型"中选择"Word 模板"，单击"确定"按钮，模板即创建完成。使用模板时，选择"文件"选项卡进入 Backstage 界面，选择"新建"选项卡，在右侧窗格中看到"特色"和"个人"两个类别，选择"个人"类别中自己创建的模板，即可打开该模板，如图 2-4 所示。

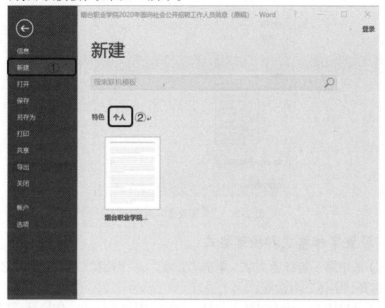

图 2-4　打开个人创建的模板

🖳　什么是 Backstage 视图？
◆　Microsoft Office Backstage 视图是用于对文档执行操作的命令集。打开一个文档，并单击"文件"选项卡可查看 Backstage 视图。Backstage 视图替换了 Office 2007 之前版本由分层菜单、工具栏和任务窗格构成的系统。
🖳　模板的存放位置是？
◆　保存模板文件时，选择了模板类型后，保存路径会自动定位到模板的存放位置。如果不想将当前模板保存到指定的存放位置，可以在"另存为"对话框中重新选择存放位置。

3. 设置页面布局

（1）打开素材"项目二\任务 1\烟台职业学院招聘工作人员简章（原稿）.docx"，单击"布局"→"页面设置"组的对话框启动器按钮，打开"页面设置"对话框，在"页边距"选项卡中将上、下、左、右页边距全部设置为 2 厘米，纸张方向为纵向，如图 2-5 所示。

（2）在"纸张"选项卡中选择 A4 纸，单击"确定"按钮。

笔记

2-1-1
创建文档

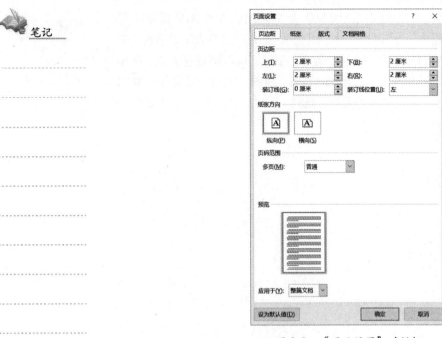

图 2-5　"页面设置"对话框

4. 设置字体格式和段落格式

（1）选中第一行标题文字，单击"开始"→"字体"组的对话框启动器按钮 ，打开"字体"对话框。

（2）选择中文字体为宋体、一号、加粗，颜色为红色。切换至"高级"选项卡，将字符间距设置为缩放"90%"，间距"加宽 0.1 磅"，如图 2-6 所示，单击"确定"按钮。

图 2-6　"字体"对话框

（3）用同样的方法选中除标题行外的其他内容，并设置字体为宋体、小四号。

（4）将光标定位于标题位置，单击"开始"→"段落"→"居中"命令 ☰，设置标题居中显示。选中除标题行外的其他内容，单击"段落"组的对话框启动器按钮，打开"段落"对话框，设置特殊格式为首行缩进 2 字符，段前、段后间距 0.5 行，行距选择"多倍行距"，设置为 1.25 倍，如图 2-7 所示，单击"确定"按钮完成设置。

图 2-7　"段落"对话框

5. 替换字符

（1）单击"开始"→"编辑"→"替换"，打开"查找和替换"对话框，如图 2-8 所示。

图 2-8　"查找和替换"对话框

（2）将光标定位于"查找内容"框中，输入"填报"，在"替换为"框中输入"报名"，单击"全部替换"按钮完成替换。

6. 添加项目符号与编号

（1）选中从"国家优质高职院校"至"全国定向培养直招士官试点院校"

的段落，单击"段落"组中"项目符号"命令的下拉箭头，在"项目符号"库中选择"➤"。

（2）选中"二、招聘对象和报考条件"下面的四个自然段，单击"段落"组中"编号"命令的下拉箭头，在"编号"库中选择"1、2、3、…"。

（3）利用 Ctrl 键同时选中"报名时间""报名方式""网上初审"，单击"段落"组中"编号"命令的下拉箭头，在"编号"库中选择"1、2、3、…"。

7. 使用格式刷

（1）选定"一、招聘计划"，设置字体为宋体、四号、加粗，单击"确定"按钮。

（2）选定"一、招聘计划"，双击"开始"→"剪贴板"→"格式刷"，依次刷过"二、招聘对象和报考条件""三、招聘办法与招聘程序""四、待遇"，完成后单击格式刷取消其选中状态。

（3）选中"（一）网上预报名"，设置字体加粗，用同样的方法使用格式刷将"（二）博士和高级专业技术岗位直接考察""（三）硕士及以下招聘岗位现场报名与资格初审""（四）考试""（五）考察、签约""（六）体检""（七）公示与聘用"设置成相同的格式。

8. 添加文字水印页面背景

单击"设计"→"页面背景"→"水印"，在下拉列表中选择"自定义水印"，打开"水印"对话框。选择"文字水印"，在"文字"框中录入"烟台职业学院"，设置字体为宋体，字号为 60，颜色为"黑色，文字 1，淡色 50%"，选中"半透明""斜式"，如图 2-9 所示，单击"确定"按钮完成设置。

2-1-2
添加文字水印
页面背景

图 2-9　"水印"对话框

9. 保存文档

单击"文件"→"另存为"→"浏览"，选择"桌面"为保存位置，打开"另存为"对话框，在"文件名"框中输入"烟台职业学院招聘工作人员简章"，如图 2-10 所示，单击"保存"按钮。

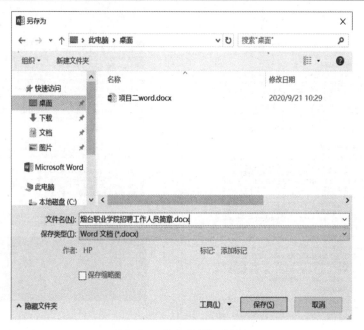

图 2-10 "另存为"对话框

10. 预览效果

单击"文件"→"打印",或者单击快速访问工具栏中的"打印预览和打印"
按钮,可预览排版效果,如图 2-11 所示。

图 2-11 排版效果

➢ 拓展训练

打开素材"项目二\任务 1\烟台职业学院招生简章(原稿).docx",参照图 2-12 所示样张完成以下操作。

笔记

图 2-12　操作效果图

（1）将表格内容转换成文本：

① 将鼠标移到表格的左上角，单击"表格选定"按钮田选中整个表格。

② 单击"表格工具/布局"→"数据"→"转换为文本"，打开"表格转换成文本"对话框，如图 2-13 所示，单击"确定"按钮。

图 2-13　"表格转换成文本"对话框

（2）将文档中的手动换行符替换为段落标记：

① 单击"开始"→"编辑"→"替换"，打开"查找和替换"对话框，单击"更多>>"按钮展开对话框。

② 将光标定位于"查找内容"框中，单击"特殊格式"按钮，在出现的列表中选择"手动换行符"。

③ 将光标定位于"替换为"框中，单击"特殊格式"按钮，在出现的列表中选择"段落标记"，如图 2-14 所示，单击"全部替换"按钮完成替换。

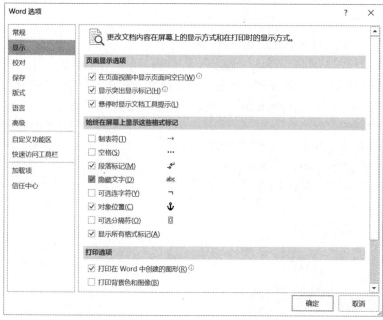

图 2-14　"查找和替换"对话框

（3）显示文档中的隐藏文字：

① 单击"文件"选项卡进入 Backstage 视图，单击左侧窗格中的"选项"命令，打开"Word 选项"对话框。

② 单击左侧"显示"选项，在右侧选中"隐藏文字"，如图 2-15 所示，单击"确定"按钮，选中显示出的文字"年招生 5000 余人，新生报到率、招生分数、办学规模在全省同类院校中位居前列。"，单击"开始"选项卡"字体"组的对话框启动器按钮，在打开的"字体"对话框中去掉"隐藏"效果。

图 2-15　"Word"选项对话框

（4）页面设置：

设置纸张为 A4，纵向，页边距上、下各 2.5 厘米，左、右各 3 厘米。

（5）文字排版：

① 将标题文字设置为宋体、一号、加粗、红色，居中显示。除标题外其余部分均为宋体、四号，段落首行缩进 2 字符，段前、段后 0.5 行，行距 19 磅。

② 参照效果图 2-12 将文档中部分内容添加编号 1、2、3、…。

③ 参照效果图 2-12 将文档中部分内容加粗。

（6）设置边框和底纹：

① 参照效果图选定内容，单击"段落"组中的"边框"命令▦·右侧的箭头，在下拉列表中选择"边框和底纹"命令，打开"边框和底纹"对话框。

② 在"边框"选项卡中设置"方框"，宽度"1.5 磅"，应用于"段落"；选择"底纹"选项卡，填充"黑色，文字 1，淡色 50%"，应用于"段落"，如图 2-16 所示，最后单击"确定"按钮。

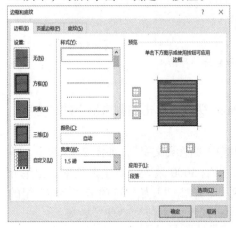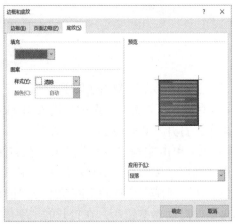

图 2-16 "边框和底纹"对话框

（7）为学校网站地址建立超链接：

选中学校网站地址，单击"插入"→"链接"→"超链接"，在"插入超链接"对话框中选择左侧窗格的"现有文件或网页"按钮，在地址栏中输入学校网站地址"http://www.ytvc.com.cn"，如图 2-17 所示，单击"确定"按钮。

图 2-17 "插入超链接"对话框

任务 2　制作招聘海报

➢ 任务目的

1. 会插入和编辑艺术字、文本框、首字下沉等文本。

2. 会插入和编辑图片、形状、SmartArt、屏幕截图等插图。

3. 会插入和编辑公式及符号。

4. 提高学生办公专业水平。

➢ 任务要求

1. 打开素材"项目二\任务 2\烟台职业学院招聘工作人员简章.docx",将标题设置为艺术字。艺术字选择列表中第三行第四列的样式,文本填充红色,文本轮廓为黄色,形状填充红色,环绕文字设为上下型环绕,对齐方式设为水平居中,大小设为高 1.8 厘米、宽 17 厘米。设置标题字体为华文中宋、一号、加粗。

2. 在标题下方插入图片"项目二\任务 2\烟台职业学院.png",设置图片环绕文字为上下型环绕,对齐方式为水平居中,大小为宽 17 厘米,高度随纵横比自动调整。

3. 将从"国家优质高职院校"至"全国定向培养直招士官试点院校"的 9 段文本置入文本框并完成以下设置:

（1）将 9 段文本的字体设置为宋体、小四号、加粗,字体颜色为主题颜色"白色,背景 1",以蓝色突出显示文本。

（2）段落加项目符号"➢"。段落格式设置为:对齐方式为分散对齐,无缩进,段前、段后间距各 0.5 行,行距为单倍行距。

（3）设置文本框环绕文字为四周型,对齐方式为右对齐,大小为高 8.5 厘米、宽 13 厘米。

（4）设置文本框中文字方向为垂直。

（5）设置文本框边框为蓝色、5 磅宽、双实线。

4. 将正文第二段设为首字下沉 2 行。

5. 插入形状并完成以下设置:

（1）在"一、招聘计划"段后插入"星与旗帜"中的"爆炸形 1"形状。

（2）设置形状环绕文字为四周型,对齐方式为右对齐,大小为高 4.6 厘米、宽 8.6 厘米,形状填充蓝色。

（3）在形状中输入文字"52 个岗位、70 个计划"及"教育类、综合类、医疗类"。文字字体设为华文中宋、五号、加粗、深红色。

（4）在"二、招聘对象和报考条件"段后插入"爆炸形 1"形状。设置形状环绕文字为四周型,对齐方式为右对齐,大小为高 4.6 厘米、宽 8.9 厘米,形状填充蓝色。在形状中输入文字"硕士研究生、博士研究生、高级专业技术职务人员"。设置字体为华文中宋、五号、加粗,颜色为主题颜色"白色,背景 1"。

笔记

6. 插入 SmartArt 图形并完成以下设置：

（1）在"三、招聘办法与招聘程序"段后插入 SmartArt 图形中的"垂直流程"图。

（2）输入文字并将文字字体设为华文中宋、11 磅、加粗，颜色为主题颜色"白色，背景 1"。

（3）将垂直流程图的形状样式设为"强烈效果-蓝色，强调效果 5"，形状效果设为"预设"中的"预设 2"。

（4）插入两组矩形、直线、箭头线并进行组合。矩形的形状样式设为"强烈效果-蓝色，强调效果 5"，直线、箭头线均设为蓝色的 1.5 磅实线。

（5）所有图形组合后将其环绕文字设为上下型环绕，对齐方式设为水平居中，大小设为高 8 厘米、宽 16.5 厘米。

7. 在文档后插入艺术字"烟台职业学院欢迎您"，设置艺术字样式为第一行第四列的样式，文本填充红色，轮廓为 0.25 磅橙色，下弯弧效果。设置环绕文字为"浮于文字上方"，对齐方式为居中对齐，大小设为高 3.8 厘米、宽 17 厘米。字体设为华文行楷、加粗。

8. 以"烟台职业学院招聘工作人员海报"为文件名保存到任务 2 中。

➤ 任务实施

1. 设置艺术字标题

（1）打开素材"项目二\任务 2\烟台职业学院招聘工作人员简章.docx"，选中标题，单击"插入"→"文本"→"艺术字"，选择列表中第三行第四列的样式，如图 2-18 所示。单击"绘图工具/格式"→"艺术字样式"→"文本填充"，在下拉列表中选择"红色"，在"文本轮廓"下拉列表中选择"黄色"。

2-2-1
设置艺术字

图 2-18　"艺术字"库　　　　　图 2-19　"环绕文字"列表

（2）单击"绘图工具/格式"→"形状样式"→"形状填充"，在下拉列表中选择"红色"，单击"排列"→"环绕文字"，弹出图 2-19 所示的"环绕文字"列表，选择"上下型环绕"，"对齐"选择"水平居中"。在"大小"组中设置形状高度为 1.8 厘米、宽度为 17 厘米。

（3）选中标题，将字体设为华文中宋、一号、加粗。

田　设置形状大小还有哪些方法？
◆　直接在"大小"组的形状高度数值框和形状宽度数值框中输入所需高度和宽度。
◆　单击"大小"组的对话框启动器按钮，打开"布局"对话框，在"大小"选项卡中取消对"锁定纵横比"的选择，然后输入高度和宽度。

2. 插入图片

（1）将插入点定位于标题的下方，单击"插入"→"插图"→"图片"，在弹出的"插入图片"对话框中选择素材中的"烟台职业学院.png"。

（2）单击"图片工具/格式"→"排列"→"环绕文字"→"上下型环绕"，单击"对齐"→"水平居中"。

（3）单击"大小"组的对话框启动器按钮，弹出"布局"对话框，在"大小"选项卡中选中"锁定纵横比"，输入宽度值"17 厘米"，单击"确定"按钮完成设置。

3. 插入文本框

（1）参照图 2-22 设置文本框。选中从"国家优质高职院校"到"全国定向培养直招士官试点院校"的 9 段文本，设置字体为宋体、小四、加粗，在字体颜色下拉列表中选择"主题颜色"→"白色，背景 1"，文本突出显示颜色选择蓝色，如图 2-20 所示。

图 2-20　以不同颜色突出显示文本

2-2-2
插入文本框

（2）单击"开始"→"段落"，在项目符号下拉列表中选择"➢"。设置段落的对齐方式为分散对齐，特殊格式为"无缩进"，间距设为段前 0.5 行、段后 0.5 行，行距为单倍行距。

田　如何使最后一段的项目符号"➢"显示？
◆　使用格式刷对其进行格式设置；或者将最后两段合并为一段，再拆分为两段。

（3）剪切 9 段文字，单击"插入"→"文本"→"文本框"→"简单文本框"。右击插入的文本框，在弹出的快捷菜单中选择"粘贴选项"→"保留原格式"。选中文本框，单击"绘图工具/格式"→"排列"→"环绕文字"→"四周型"，单击"对齐"→"右对齐"，在"大小"组的"高度"框中输入"8.5 厘米"，"宽度"框中输入"13 厘米"。

（4）单击"文本"→"文字方向"→"垂直"。

（5）单击"形状样式"组的对话框启动器按钮，弹出"设置形状格式"窗格，如图 2-21 所示，单击"形状选项"→"线条"→"实线"，颜色选择蓝色，宽度设为 5 磅，复合类型选择双线。

设置效果如图 2-22 所示。

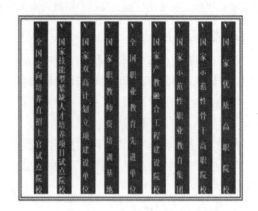

图 2-21　"设置形状格式"窗格　　　　图 2-22　文本框设置效果

4. 设置首字下沉

将插入点定位于第二段中，单击"插入"→"文本"→"首字下沉"，在首字下沉列表中选择"首字下沉选项"命令，在弹出的"首字下沉"对话框中将位置设置为"下沉"，下沉行数设置为"2"。

5. 插入形状

（1）将插入点定位于"一、招聘计划"段后，单击"插入"→"插图"→"形状"→"星与旗帜"中的"爆炸形 1"。

（2）单击"绘图工具/格式"→"排列"→"环绕文字"，在下拉列表中选择"四周型"，在"对齐"下拉列表中选择"右对齐"，设置大小为高 4.6 厘米，宽 8.6 厘米。单击"形状样式"→"形状填充"，在下拉列表中选择标准色蓝色。

（3）右击形状，在弹出的快捷菜单中选择"添加文字"，输入"52 个岗位、70 个计划"及"教育类、综合类、医疗类"，并分成两行显示。设置字体为华文中宋、五号、加粗、深红色，效果如图 2-23 所示。

图 2-23　插入形状效果

（4）参照效果图 2-23，在"二、招聘对象和报考条件"段后插入"爆炸形 1"形状，设置大小为高 4.6 厘米，宽 8.9 厘米。文字内容为"硕士研究生、博士研究生、高级专业技术职务人员"，并分成两行显示，设置文字为华文中宋、五号、加粗，字体颜色选择主题颜色"白色，背景 1"。

6. 插入 SmartArt 图形

参照图 2-24 插入招聘流程图。

笔记

图 2-24　招聘流程图

（1）将插入点定位于"三、招聘办法与招聘程序"段后，单击"插入"→"插图"→"SmartArt"，在弹出的"选择 SmartArt 图形"对话框中，单击"流程"，选择"垂直流程"。单击"SmartArt 工具/设计"→"创建图形"→"添加形状"，重复添加形状 3 次。

（2）参照图 2-24 输入文字。选中整个流程图，设置字体为华文中宋、11 磅，加粗，颜色为主题颜色"白色，背景 1"。

（3）按住 Shift 键依次单击 7 个矩形同时选中它们，单击"SmartArt 工具/格式"→"形状样式"→"主题样式"→"强烈效果-蓝色，强调效果 5"，单击"形状效果"→"预设"→"预设 2"。

（4）参照图 2-24，插入流程图左侧和右侧图形。

① 单击"插入"→"插图"→"形状"→"矩形"，在列表中选择矩形，在相应位置按住鼠标左键拖动添加矩形。

② 右击矩形，输入文字"现场报名与资格初审"，设置字体为华文中宋、11磅、加粗。

③ 单击"绘图工具/格式"→"形状样式"→"主题样式"→"强烈效果-蓝色，强调效果 5"。

④ 单击"插入"→"插图"→"形状"→"线条"，选择直线，在相应位置拖动鼠标绘制直线。用同样的方法绘制箭头线。

⑤ 按住 Shift 键依次单击直线、箭头线，同时选中 4 个形状，单击"绘图工具/格式"→"形状样式"→"形状轮廓"，在弹出的下拉列表中选择蓝色，"粗细"设为 1.5 磅。

⑥ 按住 Shift 键依次单击矩形、直线、箭头，同时选中 5 个形状，单击"绘图工具/格式"→"排列"→"组合"→"组合"。

⑦ 参照图 2-24，在流程图右侧依次插入矩形、直线与箭头。

注意，如果要完成整体的组合，应将 SmartArt 图形设置为非嵌入式。

（5）按住 Shift 键依次单击流程图、左侧的图形、右侧的图形，同时选中 3个图形，单击"绘图工具/格式"→"排列"→"组合"→"组合"，将 3 个图形

2-2-3
设置 SmartArt
图形

组合到一起。选中整个图形，单击"绘图工具/格式"→"排列"→"环绕文字"→"上下型环绕"，对齐方式选择水平居中，大小设为高 8 厘米，宽 16.5 厘米。

7. 插入艺术字

（1）将插入点定位于文档最后，插入艺术字"烟台职业学院欢迎您"，设置艺术字为第一行第四列的样式，文本填充"红色"，轮廓为"0.25 磅""橙色"。

（2）单击"艺术字样式"→"文本效果"→"转换"→"跟随路径"，选择下弯弧。

（3）设置环绕文字为"浮于文字上方"，对齐方式为居中对齐，大小设为高 3.8 厘米、宽 17 厘米，字体设为华文行楷、加粗。

8. 保存文件

以"烟台职业学院招聘工作人员海报"为文件名保存到任务 2 中。样张如图 2-25 所示。

图 2-25　招聘海报效果图

➢ 拓展训练

1. 打开素材"项目二\任务 2\习近平这样鼓励青年成就出彩人生.docx"，参照图 2-26 完成文档设置。

图 2-26　拓展训练效果图

（1）打开素材"项目二\任务 2\习近平这样鼓励青年成就出彩人生.docx"，设置标题为艺术字，选择艺术字为第一行第二列的样式，在文字效果的"发光"级联菜单中选择第四行第六列效果，形状填充为"羊皮纸"纹理，环绕文字为

笔记

"穿越型环绕",对齐方式为水平居中,大小为高 2.5 厘米、宽 14.5 厘米。设置标题字体为华文行楷、一号、加粗。

(2)在标题下方插入素材中的"图片 1.jpg",设置图片环绕文字为"上下型环绕",对齐方式为水平居中,高为 4.5 厘米,宽为 7.2 厘米。

(3)在"人人皆可成才,人人尽显其才"段后插入素材中的"图片 2.jpg",参照图 2-26 裁剪图片。设置图片的环绕文字为"四周型环绕",对齐方式为右对齐,高为 6.6 厘米,宽度按照纵横比自动调整。

(4)将"习近平总书记要求年轻干部:"后面的 5 段文字插入文本框并完成以下设置:

① 文字字体格式设为华文行楷、小三号。

② 设置文本框环绕文字为"上下型环绕",对齐方式为水平居中,填充"羊皮纸"纹理,形状轮廓为浅绿色、6 磅宽、由粗到细、长划线、端点类型为圆形的实线,大小为高 6.5 厘米,宽 12.5 厘米。

> ⊞ 如何解决文本框的大小不能设置的问题?
> ◆ 取消锁定纵横比;
> ◆ 右击文本框,在弹出的快捷菜单中单击"设置形状格式"命令,在弹出的"设置形状格式"窗格中单击"形状选项"→"布局属性"→"文本框",取消对"根据文字调整形状大小"的选择。

(5)以原名保存文件。

(6)插入屏幕截图。

① 单击"视图"→"显示比例"→"多页",调整显示比例,使整篇文档显示在一屏中。

② 新建空白文档。单击"插入"→"插图"→"屏幕截图",单击"可用的视窗"截取窗口;单击"屏幕剪辑",拖动鼠标剪辑需要的截取区域。

③ 以"截图"为文件名保存到任务 2 中。

2. 参照图 2-27 插入数学公式。

2-2-4
插入屏幕截图

$$\frac{a}{\sin A} = \frac{b}{\sin B} = \frac{c}{\sin C}$$

$$\int_{-\infty}^{\infty} e^{-ax^2} dx = \frac{\sqrt{\pi}}{a}$$

图 2-27 数学公式效果图

(1)新建空白文档。单击"插入"→"符号"→"公式",在文档中创建一个空白公式框架,弹出"公式工具/设计"选项卡,如图 2-28 所示。

图 2-28 "公式工具/设计"选项卡

笔记

（2）将插入点定位于公式框架中，单击"公式工具/设计"→"结构"→"分数"，选择分数（竖式）结构。

（3）在分子占位符中输入"*a*"，将插入点定位于分母占位符中，单击"结构"→"函数"，选择"三角函数"下拉列表中的正弦函数，在正弦函数的占位符中输入"*A*"。

（4）在正弦函数的分数线后输入"="。

（5）重复输入其他的分数结构即可完成第一个公式。

（6）插入新公式，在空白公式框架中依次选择"积分""上下标""分数"结构，在相应的占位符中输入相应的符号完成第二个公式。

（7）单击公式控件右侧的下拉箭头，可设置公式对齐方式；选择"另存为新公式"，以后再插入此公式时，即可在"工具"→"公式"的下拉列表中选择，如图 2-29 所示。

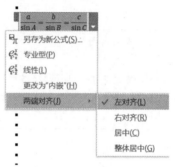

图 2-29　设置公式

（8）以"数学公式.docx"为文件名保存到任务 2 中。

任务 3　制作报名登记表

➤ 任务目的

1. 掌握各种规则或不规则表格的制作与编辑。
2. 熟练掌握表格布局设计、表格结构调整。
3. 掌握表格的格式设置，包括边框和底纹等。
4. 掌握表格中使用公式进行计算的方法并能插入图表分析数据。

➤ 任务要求

1. 打开素材"项目二\任务 3\报名登记表.docx"，在"应聘岗位："后插入 14 行 2 列表格。

2. 调整第 1 列列宽至合适；设置第 1~6 行行高为 0.9 厘米，第 7~11 行行高为 1.1 厘米，第 12 行行高为 9.23 厘米，第 13 行行高为 3.73 厘米，第 14 行行高为 3.5 厘米。

3. 参照图 2-33，使用绘制表格、合并单元格和拆分单元格等工具调整表格结构。

4. 参照图 2-33 录入表格内容，设置单元格中的文字字符格式为仿宋、五号，单元格中字符对齐方式为水平居中。

5. 以原名保存文档。

➤ 任务实施

1. 插入表格

打开素材"项目二\任务 3\报名登记表.docx"，将光标定位于"应聘岗位："后，单击"插入"→"表格"→"表格"，在下拉列表中选择"插入表格"，打开"插入表格"对话框，在对话框中输入列数 2 和行数 14，如图 2-30 所示，单击"确定"按钮完成表格插入。

图 2-30　"插入表格"对话框

2. 调整表格的行高、列宽

（1）把鼠标光标移到两列之间的竖线，当光标变成双竖线时，按住鼠标左键拖动，参照图 2-31 改变第 1 列列宽至合适位置。

（2）选中表格第 1~6 行，在"表格工具/布局"选项卡"单元格大小"组的"高度"文本框中设置 0.9 厘米；同样的方法，设置表格第 7~11 行行高为 1.1 厘米，第 12 行行高为 9.23 厘米，第 13 行行高为 3.73 厘米，第 14 行行高为 3.5 厘米。

3. 调整表格结构

（1）拆分出不规则的列：

单击"表格工具/布局"→"绘图"→"绘制表格"，鼠标指针变为光标铅笔，参照图 2-31，在合适的位置拖动光标铅笔绘制竖线，以达到拆分单元格的目的。

注意：这时调整的列宽在后面添加文字时可能不合适，可以随时拖动表格竖线改变列宽以满足文字填充的需要。

（2）合并单元格：

选中图 2-31 所示的 6 个连续单元格，单击"表格工具/布局"→"合并"→"合并单元格"，效果如图 2-32 所示。

笔记

2-3-1
调整表格结构

笔记

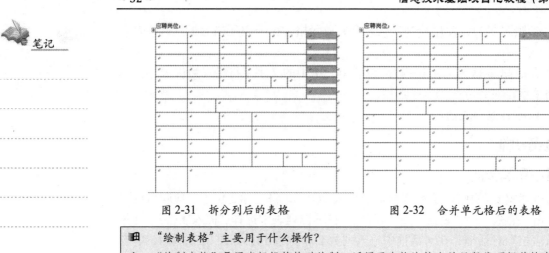

图 2-31   拆分列后的表格   图 2-32   合并单元格后的表格

> ⊞ "绘制表格"主要用于什么操作？
> ◆ "绘制表格"是用光标铅笔拖动绘制，适用于表格比较小并且竖线不规范的表格制作。

4. 录入表格内容并设置格式

（1）参照图 2-33，录入表格中的字符。

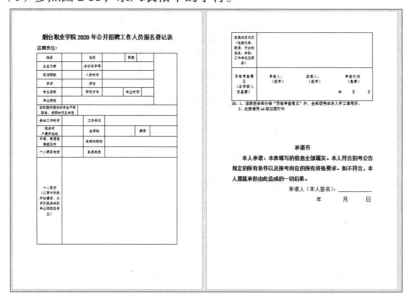

图 2-33   报名登记表最终效果图

（2）选中表格，设置字体为仿宋、五号；在"表格工具/布局"→"对齐方式"组中选择对齐方式为"水平居中"。

5. 保存文档

将文件以原名保存到任务 3 中。

➤ 拓展训练

打开素材"项目二\任务 3\学生成绩表.docx"，完成下列操作。

（1）为表格加边框线，外边框为黑色双实线，内边框为黑色单实线。

① 选中表格，单击"表格工具/设计"→"边框"→"边框样式"，在下拉

列表中选择"主题边框"中的双实线；单击"表格工具/设计"→"边框"→"边框"，在下拉列表中选择"外侧框线"。

② 步骤同①类似，先选择"边框样式"中的单实线，然后选择"边框"下拉列表中的"内部框线"。

（2）在表格右侧插入一列"总分"。

（3）调整表格所有列列宽为 2.2 厘米，所有行行高为 0.8 厘米。

（4）设置表格对齐方式为"居中"，单元格对齐方式为"水平居中"。

选中表格，单击"表格工具/布局"→"表"→"属性"，打开"表格属性"对话框，在对话框中选择对齐方式为"居中"。

（5）设置表格标题行重复。

选中表格标题行，单击"表格工具/布局"→"数据"→"重复标题行"。

（6）使用公式计算每个学生的总分。

① 将光标定位于 G2 单元格，单击"表格工具/布局"→"数据"→"公式"，打开"公式"对话框，输入公式"=SUM(LEFT)"，如图 2-34 所示，单击"确定"。

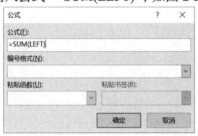

图 2-34　"公式"对话框

② 复制 G2 单元格，选中 G3:G45，单击"开始"→"剪贴板"→"粘贴"，在下拉列表中选择"单元格内容"。

③ 按功能键 F9 更新域。

> 📖 在 Word 表格中如何标识单元格地址？
>
> ◆ 表格是由若干行、列构成的一个矩形的单元格矩阵，其中的每一个单元格都可以由它所在的列标和行号唯一地标识出来。列标用字母表示，如 A, B, C, …，行号用数字表示，如 1, 2, 3, …，所以单元格地址形如 A3、E5。

（7）将表格中数据按总分降序排列。

将光标定位在表格中，单击"表格工具/布局"→"数据"→"排序"，打开"排序"对话框，主关键字选择"总分"，选中"降序"，单击"确定"。

（8）在表格下方插入柱形图表，展示表中前 10 名学生的四门课成绩。

① 将光标定位在表格下方段落中，单击"插入"→"插图"→"图表"，在弹出的"插入图表"对话框中，选择"柱形图"中的"簇状柱形图"，单击"确定"打开"Microsoft Word 中的图表"窗口。

② 在 Word 文档窗口中，复制表格前 11 行，选中"Microsoft Word 中的图表"窗口中的 A1 单元格，右击，在弹出的快捷菜单中选择"粘贴"命令，结果如图 2-35 所示。此时 Word 文档表格下方插入了图表。

2-3-2
根据表格插入
图表

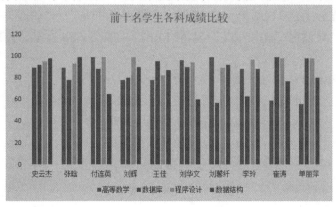

图 2-35　编辑数据窗口

③ 在"Microsoft Word 中的图表"窗口中，删除"学号"列，鼠标拖动改变数据范围，得到前 10 名学生的四科成绩比较图。将图表标题修改为"前十名学生各科成绩比较"，为图表区添加填充效果，最终效果如图 2-36 所示。

前十名学生各科成绩比较

图 2-36　图表最终效果图

（9）以原文件名保存文档。

任务4　编辑长文档

➤ 任务目的

1. 掌握样式的创建与编辑。
2. 熟练使用样式对文档进行格式设置。
3. 掌握长文档中分页符、分节符的使用。
4. 熟练掌握文档中页眉/页脚的设置和编辑。
5. 掌握目录的插入与编辑。

➤ 任务要求

1. 打开素材"项目二\任务 4\人工智能技术和发展趋势论文.docx"，设置纸张大小为 A4，上、下页边距均为 2.5 厘米，左、右页边距均为 2.6 厘米，其他设置默认。

2. 按以下要求新建与修改样式：

（1）新建样式"封面大标题"，设置其字体格式为华文中宋、一号、加粗，段落对齐方式为"居中"，段前、段后间距各 14 磅。

（2）修改内置样式"标题 1"的字体格式为黑体、小二号，段落对齐方式为"居中"，段前、段后间距各 10 磅，其他选项默认。

（3）新建样式"自定义正文首行缩进"，样式格式包括中文字体为宋体、西文字体为 Times New Roman、字号为小四；段落首行缩进 2 字符，段前、段后间距各 0.5 行，行距为 1.2 倍，其他选项默认。

3. 将标题"摘要"及文档中的 1 级标题文本应用样式"标题 1"，2 级标题文本应用样式"标题 2"，3 级标题文本应用样式"标题 3"，其余正文文本应用样式"自定义正文首行缩进"。

4. 将封面、摘要、目录及正文每一章都单独分节并另起一页。

5. 设置文档中所有节的页眉页脚为奇偶页不同、首页版式不同。

6. 按以下要求编辑页眉/页脚内容：

（1）封面页眉无内容、页脚无页码。

（2）摘要、目录页眉无内容，页码格式为"I，II，III，…"，页码位于页面底端居中位置，起始页码为 I。

（3）正文部分首页无页眉，奇数页页眉引用样式"标题 1"文本，偶数页页眉输入文章标题文字"人工智能技术和发展趋势"；文档页脚中插入页码，页码位于页面底端居中位置，页码格式为"1"，起始页码为 1。

7. 在文档指定位置插入目录。

8. 插入文字水印"AI"，字号为 300 磅，水平版式，封面无水印。

9. 将该文档中的样式保存到样式集，样式集名为"论文 2020"。

10. 在封面上插入图片"AI.jpg"，调整图片大小，居中对齐；在图片下方插入日期域，以"毕业论文.docx"为文件名保存到任务 4 中。

➤ 任务实施

1. 文档布局设置

打开素材"项目二\任务 4\人工智能技术和发展趋势论文.docx"，单击"布局"选项卡"页面设置"组的对话框启动器按钮打开"页面设置"对话框，按要求选择纸张大小为 A4，上、下页边距均为 2.5 厘米，左、右页边距均为 2.6 厘米，其他设置默认。

2. 样式的新建与修改

（1）新建样式"封面大标题"：

① 选中封面标题文本"人工智能技术和发展趋势"，设置其字体格式为华文中宋、一号、加粗；段落对齐方式为"居中"，段前、段后间距各 14 磅。

② 单击"开始"→"样式"组中样式库的"其他"三角形按钮，在弹出的样式库中选择"创建样式"命令打开"根据格式化创建新样式"对话框，在"名称"框输入"封面大标题"，如图 2-37 所示，单击"确定"按钮，该段自动应用

笔记

新建的样式。

图 2-37　"根据格式化创建新样式"对话框

（2）修改内置样式"标题 1"：

① 将光标定位在文档 1 级标题处（如"第一章"），单击"开始"→"样式"，在样式库中找到"标题 1"样式，右击，在弹出的快捷菜单中选择"修改"命令，打开"修改样式"对话框，如图 2-38 所示。设置字体为黑体、小二号。

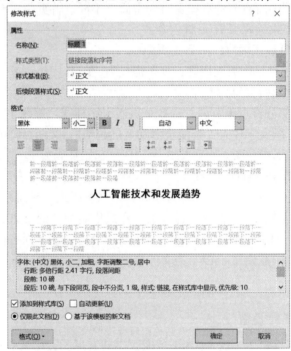

图 2-38　"修改样式"对话框

② 单击"格式"按钮，在下拉列表中选择"段落"打开"段落"对话框，按要求修改段落对齐方式为"居中"，段前、段后间距各 10 磅，2 倍行距。关闭"段落"对话框，返回"修改样式"对话框，单击"确定"。

（3）新建样式"自定义正文首行缩进"：

将光标定位在正文开始段落（非标题段）处，单击"样式"窗格下方的"新建样式"按钮，打开"根据格式化创建新样式"对话框，在"名称"框输入"自定义正文首行缩进"，设置"样式基准"为"正文"；设置中文字体为宋体、西文字体为 Times New Roman，字号为小四；段落格式为首行缩进 2 字符，段前、段后间距各 0.5 行，行距为 1.2 倍，单击"确定"关闭对话框。

3. 样式应用

（1）依次将文中的摘要、1 级标题文本（"摘要""目录""第一章""第二章""第三章"），通过"开始"→"样式"，设置为样式库中的"标题 1"；将 2 级标题段落（1.1，1.2，…）设置为样式库中的"标题 2"；将 3 级标题段落（1.1.1，1.1.2，…）设置为样式库中的"标题 3"。

（2）将光标定位在正文（非标题段）处，单击"开始"→"编辑"→"选择"，在下拉列表中选择"选定所有格式类似的文本（无数据）"；在样式库中单击"自定义正文首行缩进"样式。

> ⊞　如何才能快速地用样式格式化文档中的所有段落？
> ◆　样式的应用按照"工作量最少"原则，数量少的标题手动选中直接应用对应标题样式，最后剩下无格式文本，使用"选定所有格式类似的文本（无数据）"命令选中全部正文，一次应用所需样式。

4. 文档分节

（1）单击"开始"→"段落"→"显示/隐藏编辑标记"按钮。

（2）使用"导航"窗格，将光标定位在文档"摘要"段落前，单击"布局"→"页面设置"→"分隔符"，在下拉列表中选择"分节符"中的"下一页"，即插入分节符。

（3）依照步骤（2）依次在目录、第一章、第二章及第三章前分别插入"下一页"分节符，将文档分为 6 节。

> ⊞　为什么要将长文档分节？
> ◆　使用分节符将文档分成不同的节，各节之间可以分隔文档内容和页面设置、页面边框、页眉/页脚、水印等格式，但不能分隔页面颜色。

2-4-1
使用样式格式化
文档

5. 页眉/页脚设置

（1）启动页眉/页脚工具：

编辑页眉/页脚可以使用以下两种方法：

① 单击"插入"→"页眉和页脚"→"页眉"，在下拉列表中选择"编辑页眉"，或者选择"页脚"下拉列表中的"编辑页脚"，进入页眉/页脚编辑状态。

② 在文档任意页眉或页脚位置双击。

（2）设置所有节页眉/页脚的"奇偶页不同""首页不同"版式：

单击"布局"→"页面设置"组对话框启动器按钮，打开"页面设置"对话框，在"应用于"下拉列表中选择"整篇文档"，在"版式"选项卡中选中"奇偶页不同"和"首页不同"复选框，单击"确定"关闭对话框。

6. 页眉/页脚内容编辑

（1）封面页眉/页脚无内容。

（2）编辑第 2 节（摘要）、第 3 节（目录）页眉/页脚内容。

① 摘要和目录节页眉无内容。

② 将光标定位在第 2 节首页页脚处，单击"页眉和页脚工具/设计"→"导航"组的 链接到前一节 按钮，取消该节首页页脚与上一节的链接。

③ 单击"页眉和页脚工具/设计"→"页眉和页脚"→"页码"，在下拉列表中选择"页面底端"→"普通数字 2"。

④ 单击"页眉和页脚工具/设计"→"页眉和页脚"→"页码"，在下拉列表中选择"设置页码格式"，打开"页码格式"对话框，如图 2-39 所示。在对话框中选择"编号格式"为"I，II，III，…"，"起始页码"为"I"，单击"确定"按钮。

图 2-39　"页码格式"对话框

⑤ 将光标定位在第 3 节（目录）页脚处，按要求设置页码格式，使起始页码为"I"。

> 为什么要取消各节的页眉/页脚链接？
> ◆ 长文档分节后，系统默认将后一节的页眉和页脚链接到前一节，即与上一节相同，所以，取消各节的页眉和页脚链接，才能设计各节不同的页眉和页脚。

（3）编辑第 4 节（第一章）页眉/页脚内容。

① 将光标定位在第 4 节首页页眉处，首页页眉无内容。

② 单击"页眉和页脚工具/设计"→"导航"组的"下一条"，光标转到当前节的奇数页页眉；单击"页眉和页脚工具/设计"→"导航"组的 链接到前一节 按钮，取消该节奇数页页眉与上一节的链接。单击"页眉和页脚工具/设计"→"插入"→"文档部件"，在下拉列表中选择"域"，打开"域"对话框，在"域名"列表中选择"StyleRef"，在"样式名"列表中选择"标题 1"，如图 2-40 所示。

2-4-2
编辑页眉/页脚
内容

图 2-40　"域"对话框

笔记

③ 将光标转到当前节的偶数页页眉处，单击“页眉和页脚工具/设计”→“导航”组的 链接到前一节 按钮，取消该节偶数页页眉与上一节的链接。录入论文标题文字“人工智能技术和发展趋势”。

④ 将光标定位在第 4 节（第一章）首页页脚，按要求设置页码格式，设置起始页码为“1”。

⑤ 光标分别转到奇数页页脚和偶数页页脚，按要求分别插入页码并编辑页码格式。

⑥ 单击“页眉和页脚工具/设计”→“关闭”→“关闭页眉和页脚”。

7. 目录的插入与更新

光标定位到第 2 节“目录”段后，单击“引用”→“目录”→“目录”，在下拉列表中选择“自定义目录”，生成 3 级标题目录，效果如图 2-41 所示。

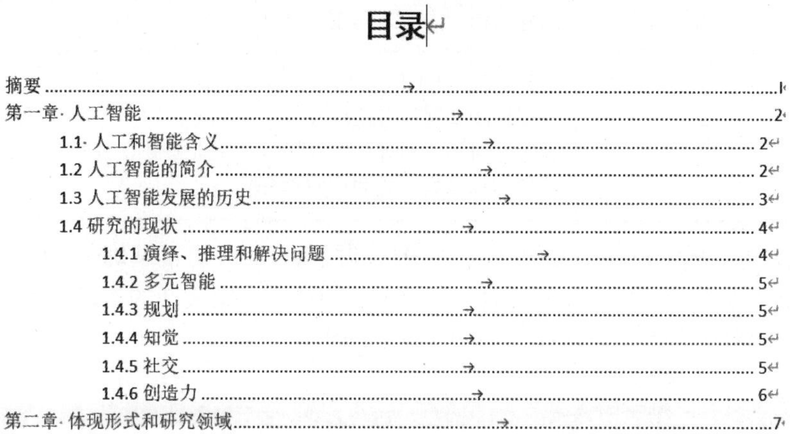

目录

摘要 I
第一章 人工智能 2
1.1 人工和智能含义 2
1.2 人工智能的简介 2
1.3 人工智能发展的历史 3
1.4 研究的现状 4
1.4.1 演绎、推理和解决问题 4
1.4.2 多元智能 5
1.4.3 规划 5
1.4.4 知觉 5
1.4.5 社交 5
1.4.6 创造力 6
第二章 体现形式和研究领域 7

图 2-41　目录效果图

8. 水印的插入与编辑

（1）插入文字水印：

单击“设计”→“页面背景”→“水印”，在下拉列表中选择“自定义水印”打开“水印”对话框。输入文字“AI”，选择字体为华文中宋，字号为 300，颜色为“白色，背景 1，深色 25%”，其他选项默认，单击“确定”按钮。

（2）删除封面文字水印：

在封面页眉处双击，在页眉/页脚编辑状态下，单击选中水印文字，按 Delete 键删除水印，最后单击“关闭页眉和页脚”按钮。

9. 保存样式集

单击“设计”→“文档格式”，在样式集列表中找到“此文档的样式集”，右击，选择快捷菜单中的“保存”命令，打开“另存为新样式集”对话框，输入样式集名称“论文 2020”。

10. 封面插入图片与日期域

在封面标题下方插入图片“AI.jpg”，调整图片的大小和位置；在图片下方插入日期域“Date”。以“毕业论文.docx”为文件名保存到任务 4 中。

笔记

> **拓展训练**

打开素材"项目二\任务 4\专升本计算机教材.docx"，完成下列操作。

（1）参照下方表格要求为文档的各级标题添加多级编号。

表 2-1 标题编号格式

标题级别	编号格式要求
标题 1	编号格式：第 1 章，第 2 章，第 3 章，… 编号左对齐，对齐位置 0 厘米，文本缩进 0 厘米 编号与标题内容之间用空格分隔
标题 2	编号格式：1.1，1.2，1.3，… 根据标题 1 重新开始编号 编号左对齐，对齐位置 0 厘米，文本缩进 0 厘米 编号与标题内容之间用空格分隔
标题 3	编号格式：1.1.1，1.1.2，1.1.3，… 根据标题 2 重新开始编号 编号左对齐，对齐位置 0 厘米，文本缩进 0 厘米 编号与标题内容之间用空格分隔

① 将光标定位在正文第 1 个 1 级标题段落内（计算机基础），在"开始"选项卡"段落"组的"多级列表"下拉列表中选择"定义新的多级列表"，打开"定义新多级列表"对话框，如图 2-42 所示。

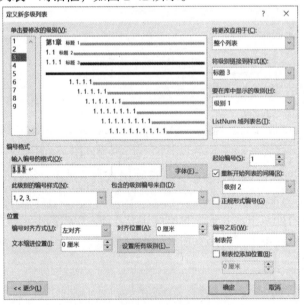

图 2-42 "定义新多级列表"对话框

② 在对话框中"单击要修改的级别"框中选中"1"，在"此级别的编号样式"中选择"1, 2, 3, …"，在"输入编号的格式"文本框中的"1"前后分别输入"第""章"，并在"章"后插入空格；"编号对齐方式"选择"左对齐"，"对齐位置"和"文本缩进位置"均设为 0 厘米；"起始编号"为 1；在"将级别链接

到样式"中选择"标题 1";"要在库中显示的级别"选择"级别 1"。

③ 同步骤②类似,在左上角"单击要修改的级别"中选择"2",在"此级别的编号样式"中选择"1, 2, 3, …";在"输入编号的格式"文本框中的"1.1"后插入空格;"编号对齐方式"选择"左对齐","对齐位置"和"文本缩进位置"均设为 0 厘米;"起始编号"为 1;在"将级别链接到样式"中选择"标题 2";"要在库中显示的级别"选择"级别 1"。

④ 同样,在"单击要修改的级别"中选择"3";在"此级别的编号样式"中选择"1, 2, 3, …";在"输入编号的格式"文本框中"1.1.1"后插入空格;"编号对齐方式"选择"左对齐","对齐位置"和"文本缩进位置"均设为 0 厘米;"起始编号"为 1;在"将级别链接到样式"中选择"标题 3","要在库中显示的级别"选择"级别 1"。

⑤ 单击对话框的"确定"按钮。

(2)给文中表格加题注并自动编号,题注插在表格上方居中。

① 选中文档第一个表格,单击"引用"→"题注"→"插入题注",打开"题注"对话框,"位置"选择"所选项目上方",如图 2-43 所示。

② 单击对话框中的"新建标签"按钮,在打开的"新建标签"对话框中输入"表",单击"确定"返回"题注"对话框。

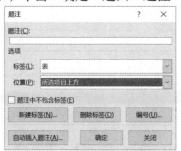　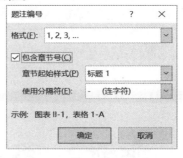

图 2-43　"题注"对话框　　　图 2-44　"题注编号"对话框

③ 单击对话框中的"编号"按钮,打开"题注编号"对话框,如图 2-44 所示,选中"包含章节号","章节起始样式"为"标题 1","使用分隔符"为"-",单击"确定"。此时,表格上方出现题注"表 1-1",并在之后输入题注内容"计算机的发展阶段",居中对齐,删除表格原题注编号及内容。

④ 照此操作,为其余表格加上题注编号及内容并删除原题注。

(3)给文中图形加题注并自动编号。

① 选中文档第一个图形,单击"引用"→"题注"→"插入题注",打开"题注"对话框,"位置"选择"所选项目下方"。

② 单击对话框中的"新建标签"按钮,在打开的"新建标签"对话框中输入"图"标签,单击"确定"返回"题注"对话框。

③ 单击对话框中的"编号"按钮,打开"题注编号"对话框,选中"包含章节号","章节起始样式"为"标题 1","使用分隔符"为"-",单击"确定"按钮,此时图下方出现题注"图 1-1",在之后输入题注内容"计算机系统组成",居中对齐,删除图的原题注编号及内容。

笔记

④ 照此操作，为其余图加上题注编号及内容并删除原题注。

（4）使用交叉引用功能，修改图上方正文（第 3 章）中对于图编号的引用（已经用黄色底纹标记），以便这些引用能够在图表标题的编号发生变化时自动更新。

（5）选择文档中“插入目录”段，插入自定义目录，目录中需要包含各级标题。

（6）选择文档中“插入表目录”段，单击“引用”→“题注”→“插入表目录”，打开“图表目录”对话框，在“图表目录”选项卡中，“题注标签”选择“表”，单击“确定”按钮。效果如图 2-45 所示。

表 1-1 计算机的发展阶段 1
表 1-2 计算机的分类情况 2
表 1-3 硬件系统五大基本组成部分的功能 3
表 1-4 存储器的分类及特点比较 3
表 1-5 计算机语言的分类和特点 3
表 1-6 常见的进制及特点 4

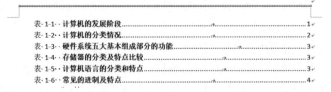

图 2-45　表目录效果图

（7）选择文档中“插入图目录”段，单击“引用”→“题注”→“插入表目录”，打开“图表目录”对话框，在“图表目录”选项卡中，“题注标签”选择“图”，单击“确定”按钮。效果如图 2-46 所示。

图 1-1 计算机系统组成 2
图 3-1 Word2010 操作界面 11

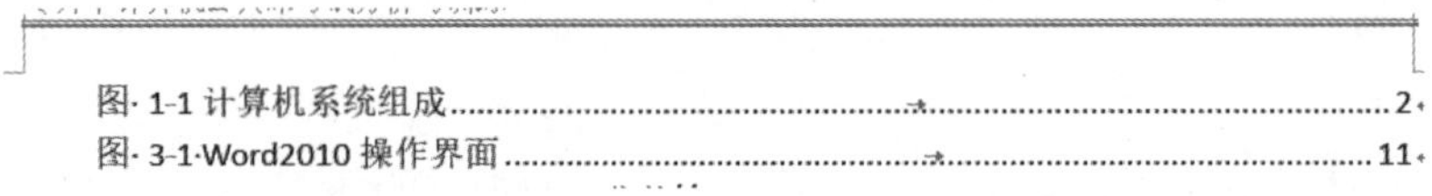

图 2-46　图目录效果图

任务 5　批量生成准考证

➢ 任务目的

1. 熟练掌握邮件合并中主文档、数据源、子文档的概念。
2. 掌握用邮件合并方法批量生成文档集的操作方法。
3. 具备使用邮件合并完成邀请函、录取通知书、成绩表等的日常工作能力。
4. 能批量生成带筛选条件的记录。
5. 能批量生成带照片的子文档。
6. 提高学生办公专业水准。

➢ 任务要求

1. 创建或打开主文档“准考证”。
2. 创建或打开数据源“报名表”。
3. 插入“准考证号”“姓名”“身份证号码”等合并域。
4. 插入“考试科目”Word 域。将应聘岗位是“教师岗位”的考试科目设置为“教学设计”，将应聘岗位是其他的考试科目设置为“岗位专业理论知识”，用邮件合并的方法批量制作准考证；报考岗位是"教师岗位"的考试地点是"烟台职业学院 1 号教学楼 C203"，其他岗位的考试地点是"烟台职业学院 1 号教学楼 C305"；报考岗位是"教师岗位"的考试时间是"2020 年 8 月 17 日上午 9:30~10:30"，其他岗位的考试时间是"2020 年 8 月 16 日上午 9:00~10:30"。

5. 根据报考岗位的不同，只生成硕士及以下学历人员的准考证。

6. 生成带照片的准考证。

➤ **任务实施**

1. 准备主文档

打开素材"项目二\任务 5\准考证.docx"，单击"邮件"→"开始邮件合并"→"开始邮件合并"→"普通 Word 文档"，如图 2-47 所示。

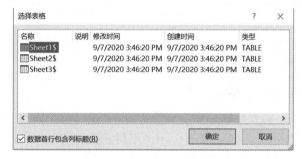

图 2-47　准备主文档　　　　　　　图 2-48　准备数据源

2. 准备数据源

单击"邮件"→"开始邮件合并"→"选择收件人"→"使用现有列表"，在弹出的"选取数据源"对话框中选择数据源存放的位置，这里使用素材"报名表.xlsx"文件，单击"打开"按钮，出现"选择表格"对话框，如图 2-48 所示。选定数据源所在的工作表"Sheet1$"，单击"确定"按钮，完成数据源与主文档的连接。

3. 插入合并域

（1）返回名为"准考证"的主文档，将光标定位于要插入合并域的位置，如"填写准考证号"的表格单元格中，单击"邮件"→"编写和插入域"→"插入合并域"，在下拉列表中选择"准考证号"，如图 2-49 所示。以同样的方法依次在表格中插入"姓名""身份证号码""座号"等合并域。

图 2-49　插入合并域

（2）单击"完成"→"完成并合并"，在下拉列表中选择"编辑单个文档"，在弹出的图 2-50 所示的"合并到新文档"对话框中选中"全部"，单击"确定"按钮完成邮件合并。

图 2-50　合并生成文档

此时，系统生成了一个名为"信函 1"的新文档，新文档把准考证主文档内容与数据源的信息进行了合并。

> ⊞　**什么是域？**
> ◆　域是隐藏在文档中的由一组特殊代码组成的指令。系统在执行这组指令时，所得到的结果会插入文档中并显示出来。

4. 插入 Word 域

（1）将光标定位于主文档中需要插入 Word 域的位置，如"填写考试科目"的单元格中，单击"邮件"→"编写和插入域"→"规则"，在下拉列表中选择"如果…那么…否则…"命令，则弹出"插入 Word 域：如果"对话框，如图 2-51 所示。将应聘岗位是"教师岗位"的考试科目设置为"教学设计"，将应聘岗位是其他岗位的考试科目设置为"岗位专业理论知识"。

2-5-1
批量生成准考证

图 2-51　考试科目设置对话框

（2）按照考试科目的填写，依次在准考证相关单元格中填入"考试地点"和"考试时间"合并域。要求：报考岗位是"教师岗位"的考试地点是"烟台职业学院 1 号教学楼 C203"，其他岗位的考试地点是"烟台职业学院 1 号教学楼 C305"；报考岗位是"教师岗位"的考试时间是 2020 年 8 月 17 日上午 9:30~10:30，其他岗位的考试时间是"2020 年 8 月 16 日上午 9:00~10:30。

（3）单击"完成"→"完成并合并"，在下拉列表中选择"编辑单个文档"，在弹出的图 2-50 所示的"合并到新文档"对话框中选中"全部"，单击"确定"按钮完成邮件合并。

5. 只为硕士及以下学历的考生生成笔试准考证

将光标定位于主文档中需要插入 Word 域的位置，如"填写考试科目"的单元格中，单击"邮件"→"编写和插入域"→"规则"，在下拉列表中选择"跳过记录条件"命令，按图 2-52 所示进行设置，将学历为博士研究生的记录跳过，单击"确定"按钮，这样就不会生成博士研究生的准考证了。

图 2-52　跳过博士研究生的记录设置

6. 为准考证添加照片

（1）将光标定位于主文档中需要插入照片的单元格中，按 Ctrl+F9 组合键插入域，此时单元格内会出现一对大括号，在其中输入"{INCLUDEPICTURE "{ MERGEFIELD　"照片" }"}"，注意中英文输入状态。

（2）单击"完成"→"完成并合并"，在下拉列表中选择"编辑单个文档"，在弹出的图 2-50 所示的"合并到新文档"对话框中选中"全部"，单击"确定"按钮完成邮件合并，效果如图 2-53 所示。

图 2-53　生成的准考证效果图

2-5-2
为准考证添加
照片

> 我制作的准考证为什么没有照片？
> ◆　请先检查数据源中照片域的位置，看目标位置处是否存在"照片"文件夹及相关照片，如果数据源完整，则在生成的文档中按 Ctrl+A 键全选，并按 F9 键更新域。
> 如何进行域与代码的转换？
> ◆　按 Shift+F9 组合键可进行域与代码的相互转换。

➤ 拓展训练

1. 将本任务中批量生成的准考证发到各人的邮箱。

邮件合并生成的子文档可以通过 Outlook 2016 以电子邮件的形式发送到电子邮箱。

（1）单击"开始"→"Microsoft Outlook 2016"，启动 Outlook 2016 应用程序，单击"下一步"，在弹出的图 2-54 所示的"Microsoft Outlook 账户设置"对话框中选择"是"。

笔记

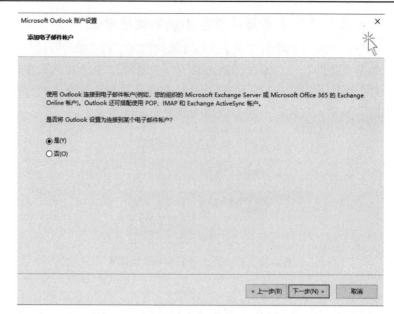

图 2-54　"Microsoft Outlook 账户设置"对话框

（2）单击"下一步"按钮，在弹出的"添加账户"对话框中选择"手动配置或其他服务器类型"选项。

（3）单击"下一步"按钮，在弹出的"选择服务"对话框中选中"POP 或 IMAP（P）选项"。

（4）单击"下一步"按钮，在弹出的"POP 和 IMAP 账户设置"界面中，按图 2-55 所示填写用户信息。账户类型选择"POP3"，接收邮件服务器为 pop.163.com，发送邮件服务器为 smtp.163.com。

图 2-55　POP 和 IMAP 账户设置

笔记

（5）填写完毕，单击"其他设置"按钮，会弹出"Internet 电子邮件设置"对话框，如图 2-56 所示。选择"发送服务器"选项卡，选中"我的发送服务器（SMTP）要求验证"，并单击"确定"按钮返回图 2-55 所示界面。

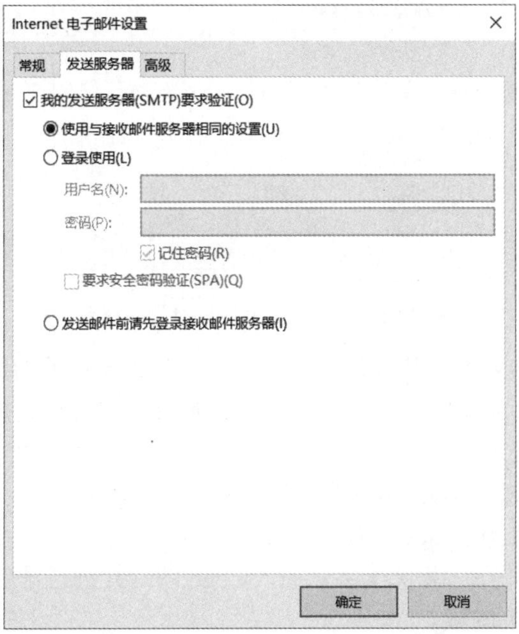

图 2-56　"Internet 电子邮件设置"对话框

（6）在图 2-55 所示界面中单击"下一步"按钮，弹出"测试账户设置"界面，如图 2-57 所示。单击"关闭"按钮，在弹出的对话框中单击"完成"按钮完成设置。

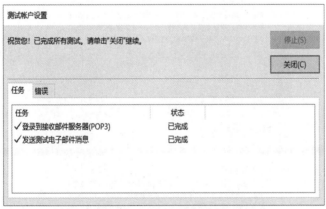

图 2-57　"测试账户设置"界面

（7）Outlook 账户设置完成后，将光标定位于"准考证"主文档，单击"邮件"→"完成"→"完成并合并"，在下拉列表中选择"发送电子邮件"，将弹出"合并到电子邮件"对话框，如图 2-58 所示。在"收件人"下拉列表框中选择"邮箱地址"，主题行输入"准考证"，邮件格式选择"HTML"，发送记录选择"全部"，单击"确定"按钮，则准考证将通过 Outlook 自动发送到各人的电子邮箱。

笔记

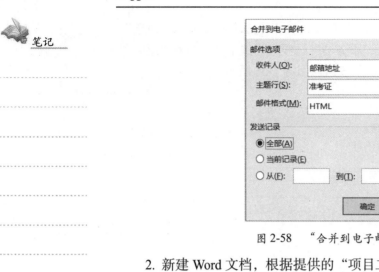

图 2-58 "合并到电子邮件"对话框

2. 新建 Word 文档，根据提供的"项目二\任务 5\拓展训练"文件夹中的相关素材，参照图 2-59 所示效果，设计"录用通知"主文档，并根据报名表直接生成博士的录用通知。

（1）设置纸张大小为"16K"，纸张方向为"横向"。

（2）设置"七星湖.jpg"为图片水印。

（3）参照样张录入相关文字、插入 Logo 图片并进行排版。

（4）插入相关的域。

（5）只生成报名表中 10 位博士的录用通知，参考样张如图 2-59 所示。

图 2-59 博士的录用通知样张

项目总结

笔记

　　Word 是日常办公中使用频率很高的文字处理软件，本项目通过实施 Word 的格式化排版、图文混排、表格制作、长文档排版、邮件合并 5 个任务，学习 Word 的文字处理功能，引导学习与 5 项工作任务相关联的 Word 操作，提高学生的文字处理水准，为今后的学习、工作和生活奠定良好的计算机操作基础。

项目三　使用 Excel 进行数据处理

项目介绍

1. 项目情景

随着信息时代数据量的快速增长，数据处理变得越来越重要。Microsoft Office Excel 2016 是一款应用极为广泛的电子表格处理软件，具有强大的数据处理功能，可以对各种类型的数据进行采集、存储、加工和处理，在人们的工作、生活中具有十分广泛的应用。在教学领域，可用图表功能制作教学管理动态图形、用公式或函数进行数据计算、建立数据分析模型、对学生成绩进行统计分析等；在人事管理中，利用数据处理软件可以管理所有职工资料、处理公司人事调动和绩效考核等重要事务；在生产领域，可以制定生产整体进度、调整生产计划、做好人员配备工作等。

本项目以报考烟台职业学院 2020 年面向社会公开招聘工作人员考生的成绩分析为主线，通过编辑考生信息、统计考生成绩、管理考生成绩、分析考生成绩、合并考生成绩 5 个任务，展示 Excel 2016 在电子表格数据编辑、计算、分析方面的强大功能。

2. 项目应用

本项目学习 Excel 2016 的主要功能与基本操作方法，主要包括工作簿、工作表和单元格的操作，公式与函数的运用，排序、筛选和分类汇总等操作，数据表管理和图表制作，数据透视表和智能表格的使用等。通过项目实施，力求解决以下数据处理问题：

（1）通过编辑考生信息，完成数据输入、数据编辑、数据格式化和工作表管理等操作。

（2）根据计分规则，熟练掌握利用公式和函数进行统计计算的方法。

（3）根据特定的方式对数据进行排序、筛选和分类汇总，达到分析、管理数据的目的。

（4）会创建图表、数据透视表，对电子表格数据进行全方位、立体化交互式分析。

（5）通过合并计算操作，拓展合并计算应用。

（6）能够将普通区域转换为智能表格，完成智能表格自动、快速处理数据的体验。

（7）了解单变量求解的应用。

项目实施

任务 1 　编辑考生信息

➢ 任务目的

1. 熟练掌握 Microsoft Excel 2016 的基本功能。

2. 熟练掌握 Excel 中各种数据的录入。

3. 能够利用自动填充功能快速填充数据。

4. 能够熟练格式化表格。

5. 会管理工作表和工作簿。

➢ 任务要求

1. 启动 Microsoft Excel 2016，新建 Excel 工作簿，认识工作表。

2. 打开文件素材"项目三\任务 1\面向社会公开招聘工作人员信息表.xlsx"。

3. 在工作表 Sheet1 的 A2:I2 单元格区域参照样图(图 3-2)输入"202018001，苏静，370602199006254318，中共党员，　，2018/7/4，教师岗位，0，3476687@qq.com"。

4. 在 H1 单元格插入批注，内容为"博士研究生不参加笔试，成绩为零"。

5. 在"准考证号"列录入 202018001~202018058 之间的数据。

6. 在 D3:D8 单元格区域输入"群众"，在 D10 及 D12:D15 单元格区域输入"中共党员"。

7. 在 E2:E59 单元格区域设置数据验证，限定单元格区域内允许数据输入"序列"，序列来源为"专科,本科,硕士研究生,博士研究生"，E2 单元格选择"博士研究生"。

8. 在 I60 单元格输入当前系统日期和时间。

9. 在表格上方插入一行作为表格标题，在 A1 单元格输入"考生信息表"，并设置格式为黑体、24 磅，A1:I1 区域内数据相对于表格居中。

10. 第 2 行（列标题行）设为黑体、12 磅，水平垂直居中，行高 20，其他行行高 16 。

11. 利用条件格式将低于 60 分的笔试成绩红色加粗显示。

12. 设置毕业时间按照"××××年××月××日"格式显示。

13. 给单元格区域 A2:I60 的外边框添加双线线型，内部框线为细实线，为第 3 行添加"蓝-灰，文字 2，淡色 80%"底纹，第 4 行无底纹添加，区域内隔行添加底纹。

14. 以"考生信息表.xlsx"为文件名保存工作簿。

笔记

> ## 任务实施

1. 启动 Microsoft Excel 2016

（1）单击"开始"→"Excel 2016"，启动 Microsoft Excel 2016 应用程序。选择"空白工作簿"，新建名为"工作簿 1.xlsx"的空白工作簿。

（2）浏览图 3-1 所示的 Excel 工作簿窗口，认识 Excel 2016 窗口组成。

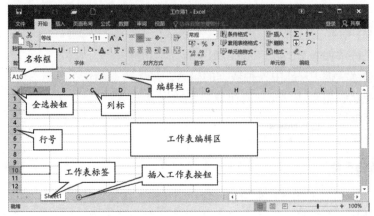

图 3-1　Excel 2016 窗口界面

2. 打开文件

（1）单击"文件"→"打开"→"浏览"，弹出"打开"对话框。

（2）在"打开"对话框中选择素材文件"项目三\任务 1\面向社会公开招聘工作人员信息表.xlsx"。

3. 数据录入

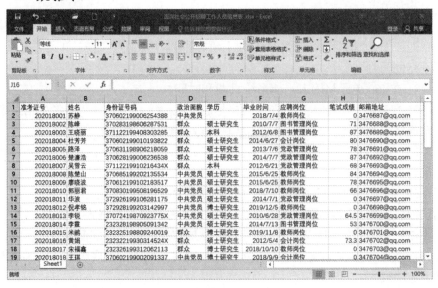

图 3-2　笔试成绩表

（1）参照图 3-2 在工作表 Sheet1 的 A2、B2、D2、G2、H2、I2 单元格中依次输入"202018001""苏静""中共党员""教师岗位""0""3476687@qq.com"。

（2）输入身份证号。选中 C2 单元格，先输入一个英文半角的单引号"'"，再输入身份证号码"370602199006254318"，确认输入后，系统默认"'"后输入的数字是文本格式，在单元格内左对齐。

> ⊞　如何输入数字字符串？
>
> ◆　在 Excel 中输入数字字符串，即数字作为文本处理，可以使用先输入一个英文半角的单引号"'"，再输入数字的方式来转换。当要输入的相同类型数据较多时，可以先定义单元格的格式为本文型，然后再输入数据。例如，上述操作中，可以先选中 C2 单元格，单击"开始"→"数字"，在"数字格式"下拉列表中选择"文本"，将被选中单元格设置为文本格式，再输入相应的身份证号。

（3）输入毕业时间。日期型数据的输入，可以使用"/"或"-"作为分隔符。单击 F2 单元格，直接输入"2018/7/4"或者"2018-7-4"。

4. 插入批注

选中 H1 单元格，单击"审阅"→"批注"→"新建批注"命令，在弹出的批注框中输入"博士研究生不参加笔试，成绩为零"。

5. 输入"准考证号"列数据

选中 A2 单元格，将鼠标指向单元格右下角的黑色小方块（填充柄），当鼠标指针变成黑色小十字"＋"时，按住鼠标左键，向下拖动填充柄至 A59 单元格，释放鼠标，单击最后一个单元格右下角的"自动填充选项"按钮，选择"填充序列"，则单元格区域 A2:A59 将自动填充数据序列 202018001~202018058。

> ⊞　你会填充自动增 1 序列吗？
>
> ◆　填充数字型数据：单击已输入数字的单元格，将鼠标指向填充柄，当鼠标指针变成"＋"时，按住 Ctrl 键的同时按住鼠标左键拖到所需的位置，松开鼠标，则所经过的单元格都被填充上了自动增 1 的数据。
>
> ◆　填充日期时间型数据及具有增减可能的文字型数据：单击已填充内容的单元格，将鼠标指向填充柄，当鼠标指针变成"＋"时，按住鼠标左键拖到所需的位置，松开鼠标，则所经过的单元格都被填充上了增 1 后的数据。
>
> ⊞　你会输入任意等差、等比数列吗？
>
> ◆　输入等差数列：先输入数列的前两个值，这两个值的差值决定了数列的增长步长。选定这两个值所在单元格，按住鼠标左键拖动填充柄即产生等差数列。
>
> ◆　输入等比数列：在单元格中输入第一个值，选中该单元格，单击"开始"→"编辑"→"填充"→"序列"，在"序列"对话框中进行相关设置后，单击"确定"按钮。
>
> ⊞　你会自定义序列吗？
>
> ◆　单击"文件"→"选项"→"高级"→"常规"，单击"编辑自定义列表"按钮，弹出"自定义序列"对话框，在"输入序列"框中输入序列值，单击"确定"按钮。

6. 输入"政治面貌"列数据

（1）在 D3 单元格内输入"群众"，单击 D3 单元格，鼠标指向填充柄，按住鼠标左键，向下拖动填充柄至 D8 单元格，释放鼠标，则在 D3:D8 区域自动填充"群众"。

（2）单击 D10 单元格，按住 Ctrl 键的同时选中 D12:D15 区域，键入"中

笔记

共党员"后，按快捷键 Ctrl+Enter，则所选择的不连续区域内同时输入相同内容。

7. 输入"学历"列数据

（1）选取 E2:E59 单元格区域，单击"数据"→"数据工具"→"数据验证"，打开"数据验证"对话框。

（2）在对话框中，参照图 3-3 进行设置（其中"来源"框中的数据之间用英文逗号隔开），设置完毕，单击"确定"按钮。单击 E2 单元格，在下拉列表中选择"博士研究生"。

图 3-3　"数据验证"对话框

什么是数据验证？
◆　利用数据验证进行数据输入时的有效性设置，可限定在单元格或单元格区域中输入某些数据，当用户键入无效数据时会发出警告。本例中"学历"的数据，可以利用数据验证来限定用户只能在单元格内键入或者在指定的文本序列中选择。
如何清除数据验证？
◆　选择要取消数据验证的单元格或单元格区域，单击图 3-3 中的"全部清除"按钮即可。

3-1-1
设置数据验证

8. 输入系统日期和时间

（1）单击 I60 单元格，按 Ctrl+;（分号）键输入系统日期。

（2）在刚刚添加的日期后键入空格，按 Ctrl+Shift+;（分号）键输入系统时间。在同一个单元格内显示日期和时间时，日期和时间中间用空格间隔。

9. 输入表格标题

（1）选中第一行，单击"开始"→"单元格"→"插入"→"插入工作表行"，在第一行上方插入一个空行。

如何快速插入行和列？
◆　可以单击某一行行号选中该行，右击→选择"插入"，则在该行上方插入一行。如果要插入多行，可同时选中多行后，右击→选择"插入"。插入列的操作相同。

（2）选中 A1 单元格，键入"考生信息表"，在"开始"→"字体"中设置字体为黑体、24 磅。

（3）选中 A1:I1 区域，单击"开始"→"对齐方式"→"合并后居中"。

10. 设置列标题行格式

（1）选中列标题行（第 2 行），设置字体为黑体、12 磅。

（2）单击"开始"→"对齐方式"组的对话框启动器按钮，打开"设置单元格格式"对话框。在"对齐"选项卡中，"水平对齐"和"垂直对齐"均选择"居中"，如图 3-4 所示。

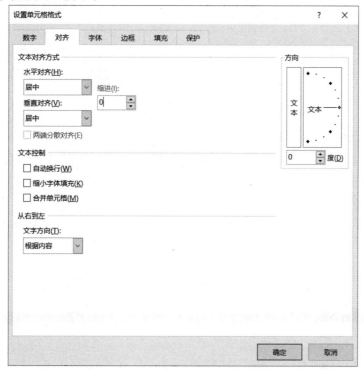

图 3-4　"设置单元格格式"对话框

（3）单击行号 2 选中第二行，单击"开始"→"单元格"→"格式"→"行高"，在弹出的"行高"对话框中输入"20"，单击"确定"按钮。

（4）指向行号，选择第 3 至第 60 行，右击，在弹出的快捷菜单中选择"行高"，在"行高"对话框中输入"16"，单击"确定"按钮。

11. 设置条件格式

（1）选中 H3:H60 区域，单击"开始"→"样式"→"条件格式"→"新建规则"，打开"新建格式规则"对话框。

（2）在"选择规则类型"中选择"只为包含以下内容的单元格设置格式"，设置条件如图 3-5 所示。单击"格式"按钮，在弹出的"设置单元格格式"对话框中设置字体颜色为红色，字形为"加粗"，依次单击"确定"按钮，完成条件格式设置。

图 3-5 "新建格式规则"对话框

12. 设置日期格式

选中 F3:F60 区域，单击"开始"→"数字"组的对话框启动器按钮，弹出"设置单元格格式"对话框。在"数字"选项卡的"分类"中选择"日期"，在右侧对应的"类型"中选择与所设置的格式最相近的一种类型，即"2012 年 3 月 14 日"；然后在"分类"中选择"自定义"，将"yyyy"年"m"月"d"日""修改成"yyyy"年"mm"月"dd"日""，如图 3-6 所示。

3-1-2
设置条件格式

图 3-6 自定义日期格式

13. 设置边框和底纹

（1）选中 A2:I60 单元格区域，单击"开始"→"字体"→"边框" 右侧的下拉按钮 ，在弹出的"边框"选项中选择"所有框线"。

（2）选中 A2:I60 单元格区域，单击"边框"右侧的下拉按钮，在弹出的"边框"选项中单击"线型"，在其级联菜单中选择双实线；再次单击"边框"右侧的下拉按钮，在弹出的"边框"选项中选择"外侧框线"命令。

（3）选中 A3:I3 区域，单击"开始"→"字体"→"填充颜色" 右侧的下拉按钮，在弹出的"主题颜色"选项中选择"蓝-灰，文字 2，淡色 80%"底纹颜色。

（4）选中 A3:I4 区域，将鼠标指向填充柄，按住鼠标拖曳左键至第 60 行，然后释放鼠标，单击最后一个单元格右下角出现的"自动填充选项"按钮，选择"仅填充格式"。

14. 保存工作簿

单击"文件"→"另存为"→"浏览"，在"另存为"对话框中选择保存位置，输入文件名"考生信息表"，保存类型选择"Excel 工作簿（*.xlsx）"，单击"保存"按钮。

➤ **拓展训练**

1. 获取外部数据，建立数据表文件。

在 Excel 2016 中，可以将 Access、文本文件、CSV、SQL Server、XML 等多种数据格式转换到 Excel 工作表中，这样就可以利用 Excel 的功能对数据进行整理和分析。本题目利用网络获取 CSV 文件作为数据源来建立数据表。

（1）如果网络畅通，可使用网址 http://quotsoft.net/air/data/china_cities_[日期].csv（其中日期为 8 位数字格式，如 20200504），下载某日期的空气质量数据。如果网络不通，请执行第（2）步操作，直接使用素材文件。

（2）单击"数据"→"获取外部数据"→"现有连接"，打开图 3-7 所示的"现有连接"对话框。

图 3-7 "现有连接"对话框

（3）在对话框中单击"浏览更多"，找到"项目素材\项目三\任务 1"路径

下的"china_cities_20200901.csv"文件，单击"打开"按钮，弹出图3-8所示的
"文本导入向导-第1步，共3步"对话框。

图 3-8   "文本导入向导-第1步，共3步"对话框

（4）单击"下一步"进入"文本导入向导-第2步，共3步"界面，根据图
3-8中预览文件提示，数据分隔符为逗号，因此，取消"Tab键"选项，勾选"逗
号"选项，如图3-9所示，然后单击"下一步"按钮。

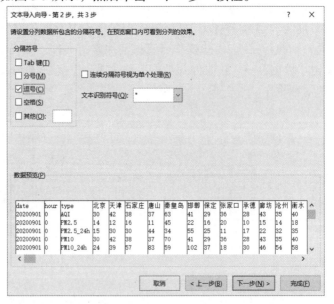

图 3-9   "文本导入向导-第2步，共3步"对话框

（5）在"文本导入向导-第3步，共3步"对话框中，选中第一列（"date"
列），将"列数据格式"设置成"日期"，如图 3-10 所示，单击"完成"按钮，
将弹出"导入数据"对话框，如图3-11所示。在"数据的放置位置"设置导入
数据的起始位置为A1单元格，单击"确定"按钮，在工作表中导入全国各城市
2020年9月1日24小时的各项空气质量数据。

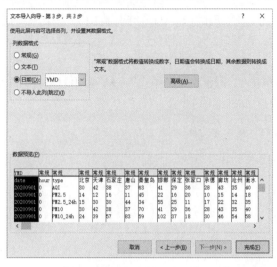

图 3-10　"文本导入向导-第 3 步，共 3 步"对话框　　图 3-11　"导入数据"对话框

2. 编辑下载数据，建立空气质量数据分析表

（1）插入及命名新工作表：

单击"插入工作表"按钮插入新工作表 Sheet2，右击 Sheet2 工作表标签，在弹出的菜单中选择命令"重命名"，将新工作表改名为"0 时刻"。本工作表用来记录所选城市在 0 时刻的各项空气质量数据。

（2）单元格区域的复制与选择性粘贴：

在工作表 Sheet1 中，复制 A1:K16 单元格区域数据，单击工作表"0 时刻"中的 A1 单元格，单击"开始"→"剪贴板"→"粘贴"命令的下拉按钮 ▾ ，在菜单中选择"选择性粘贴"，在弹出的图 3-12 所示的对话框中选中"转置"命令，单击"确定"按钮。

图 3-12　"选择性粘贴"对话框

（3）删除行：

选中第 2 行，右击，在快捷菜单中选择"删除"命令。

（4）合并多数据单元格：

选中单元格区域 B1:P1，单击"开始"→"对齐方式"→"合并后居中"，弹出提示"合并单元格时，仅保留左上角的值，而放弃其他值"，单击"确定"按钮。

（5）快速套用表格样式：

选中单元格区域 A2:P10，单击"开始"→"样式"→"套用表格样式"命令，选中"表样式浅色 18"，效果如图 3-13 所示。

date										2020/9/1					
type	AQI	PM2.5	PM2.5_24h	PM10	PM10_24h	SO2	SO2_24h	NO2	NO2_24h	O3	O3_24h	O3_8h	O3_8h_24h	CO	CO_24h
北京	30	14	15	30	24	3	3	33	21	9	75	20	52	0.56	0.48
天津	42	12	30	42	39	5	5	43	26	27	127	56	107	0.53	0.76
石家庄	38	16	30	38	57	11	8	47	30	10	86	34	70	0.44	0.53
唐山	37	11	44	37	8	23	34	38	23	189	67	152	0.27	1.48	
秦皇岛	63	45	34	70	59	7	6	44	27	42	132	104	126	0.92	0.74
邯郸	41	22	55	41	102	9	20	19	27	41	223	48	147	0.65	1.32
保定	29	16	25	29	37	7	3	31	19	19	85	48	74	0.42	0.52
张家口	36	20	11	36	18	7	6	28	20	22	92	48	80	0.45	0.4

图 3-13　套用表格样式后的效果

（6）利用条件格式添加底纹：

根据文件《环境空气质量指数（AQI）技术规定》中的相关技术规定，见表 3-1，根据空气质量指数的数值范围对单元格做配色方案中规定的底纹颜色设置。

表 3-1　空气质量指数及配色方案

空气质量指数	空气质量指数级别	空气质量指数级别及表示颜色		配色方案
0～50	一级	优	绿色	（0，228，0）
51～100	二级	良	黄色	（255，255，0）
101～150	三级	轻度污染	橙色	（255，126，0）
151～200	四级	中度污染	红色	（255，0，0）
201～300	五级	重度污染	紫色	（153，0，76）
＞300	六级	严重污染	褐红色	（126，0，35）

① 选中工作表"0 时刻"中的单元格区域 B3:B10，单击"开始"→"样式"→"条件格式"→"管理规则"，弹出"条件格式规则管理器"对话框。

② 单击"新建规则"按钮，在弹出的"新建格式规则"对话框的"选择规则类型"中选择"只为包含以下内容的单元格设置格式"，设置单元格值介于 0 和 50 之间，单击"格式"按钮，打开"设置单元格格式"对话框。

③ 切换至"填充"选项卡，单击"其他颜色"按钮，在弹出的对话框中设置自定义颜色 RGB(0,228,0)。依次单击"确定"按钮，返回"条件格式规则管理器"对话框。

④ 重复以上操作依次添加其他级别的条件，单击"确定"按钮，则被选中区域按照其空气质量指数数值添加上不同的表示颜色。

（7）利用条件格式添加数据条：

① 选定 C3:C10 区域，单击"开始"→"样式"→"条件格式"命令，选择"数据条"，然后选择"渐变填充"→"蓝色数据条"。

② 选定 E3:E10 区域，单击"开始"→"样式"→"条件格式"命令，选择"图标集"，然后选择"方向"→"四向箭头（彩色）"，效果如图 3-14 所示。

| date | | | | | | 2020/9/1 | | | | | | | | | |
type	AQI	PM2.5	PM2.5_24h	PM10	PM10_24h	SO2	SO2_24h	NO2	NO2_24h	O3	O3_24h	O3_8h	O3_8h_24h	CO	CO_24h
北京	30	14	15↓	30	24	3	3	33	21	9	75	20	52	0.56	0.48
天津	42	12	30↘	42	39	5		43	26	27	127	56	107	0.53	0.76
石家庄	38	16	30↓	38	57	11	8	47	30	10	86	34	70	0.44	0.53
唐山	37	11	44↓	37	83	8	23	34	38	23	189	67	152	0.27	1.48
秦皇岛	63	45	34↑	70	59	7	6	44	27	42	132	104	126	0.92	0.74
邯郸	41	22	55↘	41	102	9	20	19	27	41	223	48	147	0.65	1.32
保定	29	16	25↓	29	37	7		31	19	19	85	48	74	0.42	0.52
张家口	36	20	11↓	36	18	7	6	28	20	22	92	48	80	0.45	0.4,

图 3-14　空气质量数据分析表效果

（8）保存工作簿：

以"空气质量数据分析表.xlsx"为名保存文件。

任务 2　统计考生成绩

➤ 任务目的

1. 能理解建立数据分析模型的意义。

2. 能灵活使用公式计算数据并填充。

3. 能熟练使用常用函数计算数据、填充数据。

4. 能熟练使用函数分析统计数据。

5. 提高学生应用公式和函数处理办公事务的技能。

➤ 任务要求

1. 打开素材文档"项目三\任务 2\考生成绩.xlsx"，在"面试成绩"工作表中计算"面试总成绩"列的值。

2. 统计各位考生面试成绩的最高分与最低分。

3. 使用公式计算每位考生的面试成绩。方法是：将面试成绩总和去掉一个最高分，再去掉一个最低分，余下的成绩求平均，即为各位考生的面试成绩。

4. 将考生的面试成绩填充到 Sheet1 工作表中。

5. 计算考生的总成绩。方法是：学历是"博士研究生"的考生面试成绩即为总成绩，其他学历的考生的总成绩通过笔试成绩与面试成绩的占比（即笔试成绩占 50%，面试成绩占 50%）进行计算。

6. 统计各类岗位报考人数、缺考人数及应聘总人数。

7. 根据考生身份证信息提取行政区号、出生日期等数据，计算年龄、性别等。

➤ 任务实施

1. 计算每位考生的面试成绩之和

（1）打开素材文件"项目三\任务 2\考生成绩.xlsx"，单击"面试成绩"工作表，选中 I2 单元格，单击"插入函数"按钮 *fx*，或者单击"公式"选项卡，再单击"函数库"组中的"插入函数"按钮，均可打开"插入函数"对话框，如

笔记

笔记

图 3-15 所示。

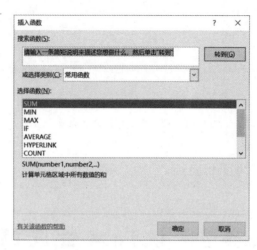

图 3-15 "插入函数"对话框

（2）在"选择函数"列表中选择"SUM"函数，单击"确定"按钮，在弹出的"函数参数"对话框的"Number1"文本框中输入"B2:H2"作为计算的单元格区域，或者单击折叠按钮，手动选择计算区域，再单击展开按钮返回"函数参数"对话框，如图 3-16 所示。

图 3-16 使用 SUM 函数计算面试成绩总和

（3）单击"确定"按钮，则计算结果显示在 I2 单元格中。

（4）选中 I2 单元格，拖曳填充柄至 I59 单元格，释放鼠标，计算出每位考生的面试总成绩。

📖 使用函数计算还有哪些方法？

◆ 在编辑栏中直接录入。

◆ 在"开始"选项卡"编辑"组中，单击求和按钮 Σ ·，在下拉列表中选择"其他函数"。

◆ 在"公式"选项卡的"函数库"组中，单击"自动求和"按钮 Σ 自动求和 ，在下拉列表中选择"其他函数"。

📖 对函数功能不了解怎么办？

◆ 如果要对函数功能做一个全面的了解，可使用帮助。在图 3-16 所示的 SUM 函数参数对话框中单击"有关该函数的帮助"链接，可以打开联机的"Office 支持"，查看函数的使用说明。

2. 统计面试成绩的最高分与最低分

（1）选中 J2 单元格，输入公式"=MAX（B2:H2）"，计算面试成绩的最高分。用自动填充功能复制公式，计算每位考生的面试最高分"面试成绩 MAX"。

（2）选中 K2 单元格，输入公式"=MIN（B2:H2）"，计算面试成绩的最低分。用自动填充功能复制公式，计算每位考生的面试最低分"面试成绩 MIN"。

3. 计算每位考生的面试成绩

（1）选中 L2 单元格，输入公式"=(I2-J2-K2)/5"，则按要求从面试总成绩中去掉一个最高分，再去掉一个最低分，然后求平均，计算该考生的面试成绩。

（2）用自动填充功能复制公式，计算其他考生的面试成绩。

4. 用 VLOOKUP 函数将考生面试成绩填充到 Sheet1 工作表中

（1）单击 Sheet1 工作表，选中 J2 单元格，单击"插入函数"按钮 *fx*，在打开的"插入函数"对话框的"或选择类别"下拉列表中选择"查找与引用"，然后在"选择函数"列表中选择"VLOOKUP"函数，单击"确定"按钮，在弹出的"函数参数"对话框中按图 3-17 所示输入或手动选择各项参数，最后单击"确定"按钮，则结果显示在 J2 单元格中。

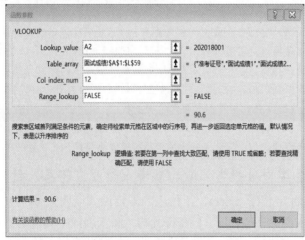

图 3-17　使用 VLOOKUP 函数提取考生面试成绩

（2）用自动填充功能填充 Sheet1 工作表的 J3:J59 区域，计算其他考生的面试成绩。

> 使用 VLOOKUP 函数应注意什么？
> ◆ 搜索的值如"准考证号"必须是选定查找区域的首列，首列编号为 1。
> ◆ 第 4 个参数"Range_lookup"为"TRUE"或被省略时，首列必须按升序排序，否则可能无法返回正确的值。

5. 用 IF 函数计算每位考生的总成绩

由于学历是博士研究生的考生直接进入面试，因此其总成绩就是面试成绩；其他学历的考生的总成绩通过笔试成绩的占比与面试成绩的占比进行计算（比例值存放在 N1 和 N2 单元格中）。

3-2-1
计算考生的
面试成绩

（1）选中 K2 单元格，单击"插入函数"按钮 *fx*，在打开的"插入函数"对话框中选择"逻辑"类"IF"函数，单击"确定"按钮，在弹出的"函数参数"对话框中按图 3-18 所示输入或手动选择各项参数，最后单击"确定"按钮。

图 3-18　使用 IF 函数计算考生的总成绩

（2）用自动填充功能填充 K3:K59，计算其他考生的总成绩。

> ⊞ 什么是相对引用、绝对引用、混合引用？
> ◆ 相对引用中，行号和列标随公式位置的改变而变化，直接用行号、列标表示单元格地址，如"C5"。
> ◆ 在复制公式时，要保持公式中所引用的单元格地址不变，则单元格地址必须要绝对引用，即在需要绝对引用的单元格的行号、列标前加上"$"，如"$K$3"。
> ◆ 混合引用是在列标和行号之间只有一个前面加"$"，如"K$3"或"$K3"。
> ◆ 利用快捷键 F4 可以依次在相对引用、绝对引用和混合引用之间切换。
> ⊞ 为什么对"笔试成绩比例"和"面试成绩比例"的引用是绝对引用？
> ◆ 因为用公式计算时，对于笔试成绩比例和面试成绩比例的单元格地址引用（即比例值所在单元格地址的引用）是确定的，不应随着单元格公式位置的改变而改变。

3-2-2
计算考生的
总成绩

6. 统计各类岗位报考人数、缺考人数及应聘总人数

（1）将光标定位于 Sheet1 工作表中需要计算应聘人数的单元格，如单击 N7，单击"插入函数"按钮 *fx*，在打开的"插入函数"对话框中选择"统计"类"COUNTIF"函数，单击"确定"按钮，在弹出的"函数参数"对话框中按图 3-19 所示输入或手动选择各项参数。

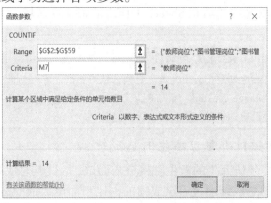

图 3-19　使用 COUNTIF 函数计算各岗位应聘人数

（2）用自动填充功能填充 N8:N14，计算其他岗位的应聘人数。

（3）将光标定位于 N16 单元格，选择"统计"类"COUNT"函数，单击"确定"按钮，在弹出的"函数参数"对话框中输入或手动选择统计区域，如图 3-20 所示。单击"确定"按钮，即可计算应聘总人数。

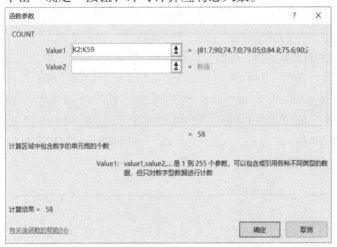

图 3-20　使用 COUNT 函数计算应聘总人数

（4）笔试成绩为空的即为缺考，因此，统计笔试成绩不为空的单元格数目即为应聘人数。将光标定位于 N17 单元格，选择"统计"类"COUNTA"函数，单击"确定"按钮，在弹出的"函数参数"对话框中输入或手动选择统计区域 I2:I59，单击"确定"按钮，即可计算应聘人数。

（5）将光标定位于 N18 单元格，在编辑栏或单元格中输入公式"=N16-N17"，单击回车键或者单击编辑栏中的"输入"按钮 ✔ 完成计算。

注：由于总成绩为 0 即为缺考者，因此使用 COUNTIF 函数也可计算缺考人数。将光标定位于 N18 单元格，在编辑栏或单元格中输入公式"=COUNTIF(K2:K59,"=0")"，也可以得到相同的计算结果。

部分统计结果如图 3-21 所示。

图 3-21　部分统计结果展示

7. 根据考生身份证信息提取/计算出生日期、年龄、性别等数据

"姓名"和"身份证号"列数据从 Sheet1 工作表中复制，"出生日期"和"行政区号"列数据从身份证号中截取，"年龄""性别"列数据需要进行计算。

（1）复制 Sheet1 工作表中"姓名"和"身份证号"两列数据至 Sheet3 工作

表中，在 Sheet3 工作表首行单元格内分别输入列标题"姓名""身份证号码""行政区号""出生日期""年龄""性别"，调整各列宽至合适，列标题加粗显示，水平居中。

（2）选中 C2 单元格，输入公式"=LEFT（B2, 6）"，单击回车键或者单击编辑栏中的"输入"按钮 ✓ ，即通过"LEFT"函数提取行政区号。使用自动填充功能填充 C3:C59 单元格区域，完成"行政区号"列的填充。

（3）选中 D2 单元格，选择"日期"类"DATE"函数，单击"确定"按钮，在弹出的"函数参数"对话框中参照图 3-22 所示，使用"MID"函数分别截取年（Year）、月（Month）、日（Day）各项参数。使用自动填充功能填充 D3:D59 单元格区域，完成"出生日期"列的填充。

注：在 D2 单元格中输入公式" =DATE(MID(B2,7,4),MID(B2,11,2),MID(B2,13,2))"，也可以计算出生日期。

图 3-22　提取出生日期

3-2-3
统计考生
个人信息

（4）选中 E2 单元格，输入公式"=YEAR(TODAY())-YEAR(D2)"，计算年龄。使用自动填充功能填充 E3:E59 单元格区域，完成"年龄"列的填充。

（5）选中 F2 单元格，选择"逻辑"类"IF"函数，单击"确定"按钮，在弹出的"函数参数"对话框中按图 3-23 所示输入或手动选择各项参数。使用自动填充功能填充 F3:F59 单元格区域，完成"性别"列的填充。

图 3-23　计算性别

注：在 F2 单元格输入公式"=IF(MOD(MID(B2,17,1),2)=0,"女","男")"，也可

以计算性别。

 笔记

> 囲　你知道身份证编号的规律吗？
> ◆　身份证号码的前 6 位表示行政区号。
> ◆　身份证号码第 7~14 位表示出生日期。
> ◆　身份证号码第 17 位数字为奇数表示男，偶数表示女。

➢ 拓展训练

1. 打开素材"项目三\任务 2\学生期末成绩.xlsx"，使用相关函数计算学生的总分、平均分、名次与奖学金。

（1）计算学生的个人总分：

选中 G2 单元格，单击"公式"→"函数库"→"自动求和"按钮Σ，自动选中左侧区域 C2:F2 作为 SUM 函数参数，单击 Enter 键确认，拖曳填充柄向下至 G45 单元格，释放鼠标完成"总分"列结果计算。

（2）计算学生的个人平均分：

选中 H2 单元格，使用"常用函数"类 "AVERAGE"函数，在打开的"函数参数"对话框中输入或手动选择"C2:F2"，单击"确定"按钮完成一个学生的平均分计算，使用填充柄将 H3:H45 区域的单元格填入计算结果。

（3）根据每个学生的总分排名次：

选中 I2 单元格，单击"插入函数"按钮，在"搜索函数"文本框中输入"RANK"，在列表中选择 "RANK"，单击"确认"按钮，在弹出的"函数参数"对话框中按图 3-24 所示输入或手动选择各项参数，单击"确定"按钮完成当前学生的名次排定，拖曳填充柄将 I3:I45 区域的单元格填入计算结果。

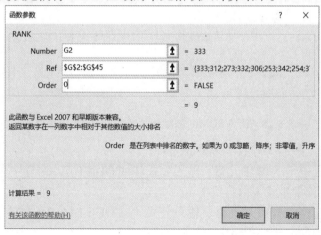

图 3-24　使用 RANK 函数排名次

（4）根据总分确定奖学金数额：

奖学金发放标准为：总分超过 350（含 350）的奖学金为 1000 元；总分超过 330（含 330）的奖学金为 500 元；总分超过 300（含 300）的奖学金为 200元。需要嵌套使用 IF 函数完成操作。

选中 J2 单元格，输入公式"=IF(G2>=350,1000,IF(G2>=330,500,IF(G2>=300,200,0)))"完成当前学生的奖学金评定，使用填充柄将 J3:J45 区域的单元格填入

笔记

计算结果。

　　2. 参照样张统计最高总分、最低总分、参加高等数学考试的人数、学生总人数以及各类奖学金人数、男/女生获得奖学金的总和等信息。

　　（1）最高分计算：

　　将光标定位于 N3 单元格，输入公式"=MAX(G2:G45)"并确认。

　　（2）最低分计算：

　　将光标定位于 N4 单元格，输入公式"=MIN(G2:G45)"并确认。

　　（3）分别统计获得 1000 元奖学金、500 元奖学金、200 元奖学金的人数：

　　将光标定位于 N5 单元格，输入公式"=COUNTIF(J2:J45,1000)"并确认。

　　将光标定位于 N6 单元格，输入公式"=COUNTIF(J2:J45,500)"并确认。

　　将光标定位于 N7 单元格，输入公式"=COUNTIF(J2:J45,200)"并确认。

　　（4）分别统计男生、女生获得奖学金的总和：

　　将光标定位于 N8 单元格，单击"插入函数"按钮打开"插入函数"对话框，选择"数学与三角函数"类"SUMIF"函数，单击"确定"按钮，在弹出的"函数参数"对话框中按图 3-25 所示输入或选择各项参数，单击"确认"按钮完成计算。

　　以同样方法计算女生获得奖学金的总和，也可以在 N9 中输入公式"=SUMIF(B2:B45,"女",J2:J45)"完成计算。

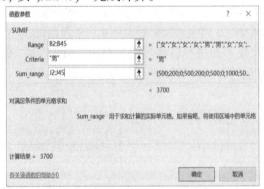

图 3-25　使用 SUMIF 函数计算男生获得奖学金的总和

　　（5）统计参加高等数学考试的人数：

　　将光标定位于 N10 单元格，输入公式"=COUNT(C2:C45)"并确认。

　　（6）统计学生总人数：

　　将光标定位于 N10 单元格，输入公式"=COUNTA(A2:A45)"并确认。

　　计算结果如图 3-26 所示。

统计结果		
最高总分		374
最低总分		167
奖学金	1000元人数	3
	500元人数	10
	200元人数	9
	男生奖学金总和	3700
	女生奖学金总和	7300
参加高等数学考试的人数		42
学生总人数		44

图 3-26　统计结果

3. 查找指定学生所对应的奖学金记录，并填充到相应的单元格中。

将光标定位于 M29 单元格，使用 VLOOKUP 函数，在"函数参数"对话框中按照图 3-27 所示输入或选择相关参数，单击"确定"按钮完成计算，并用填充柄填写其他单元格数据。

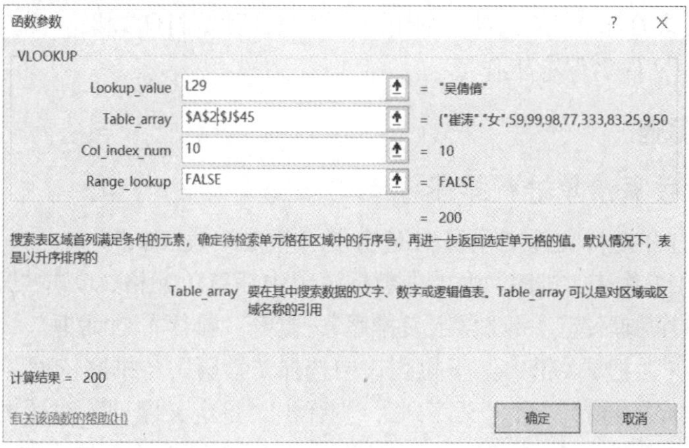

笔记

图 3-27 使用 VLOOKUP 函数计算奖学金数值

任务 3 管理考生成绩

➢ 任务目的

1. 了解数据清单的概念。
2. 能够熟练掌握数据清单的排序。
3. 能够对数据清单进行自动筛选。
4. 能够对数据清单进行高级筛选。
5. 能够利用分类汇总对数据清单进行分析管理。
6. 能够对工作表进行页面设置，优化数据表的打印效果。

➢ 任务要求

1. 打开素材文件"项目三\任务 3\考生成绩表.xlsx"，将工作表"排序"中的数据清单按照学历自定义排序，学历相同时按照应聘岗位的字母顺序升序排列，应聘岗位相同时按照总成绩降序排列。

2. 在工作表"自动筛选"数据清单中筛选出应聘教师岗位、总成绩在 85 分以上的（含 85 分）的硕士研究生考生记录。

3. 在工作表"高级筛选"数据清单中筛选出应聘教师岗位的博士研究生，或者硕士研究生学历总成绩在 85 分以上（含 85 分）应聘教师岗位的考生记录，并将筛选结果复制到 J5 开始的单元格区域。

4. 在工作表"分类汇总"数据清单中利用分类汇总统计出各个应聘岗位的报考人数以及最高分。

5. 冻结工作表"排序"中数据清单的列标题行，浏览数据。

6. 对工作表"排序"进行页面设置：纸张大小为 A4，方向为横向；页边距为上、下边距 2.5 厘米，左、右边距 1 厘米；水平、垂直方向上均居中；页眉中间插入"考生成绩统计表"；页脚右侧区域插入系统日期；每页都打印标题行信息；每页最多打印 30 条记录。利用打印预览，预览打印效果。

7. 以原文件名保存工作簿。

➤ 任务实施

1. 对数据清单进行排序

（1）打开素材文件"项目三\任务 3\考生成绩表.xlsx"。

（2）在工作表"排序"中单击数据清单中任意单元格，单击"开始"→"编辑"→"排序和筛选"→"自定义排序"，打开"排序"对话框。

（3）在"主要关键字"下拉列表中选择"学历"，"排序依据"选择"单元格值"，"次序"选择"自定义序列"，则弹出"自定义序列"对话框。

（4）参照图 3-28 在对话框中依次输入"博士研究生,硕士研究生,本科,专科"，单击"添加"按钮将输入序列添加至列表中，单击"确定"按钮返回"排序"对话框。

3-3-1
设置自定义
排序

图 3-28　"自定义序列"对话框

（5）单击"添加条件"按钮，在"次要关键字"下拉列表中选择"应聘岗位"，"排序依据"选择"单元格值"，"次序"选择"升序"。

（6）再次单击"添加条件"按钮，在"次要关键字"下拉列表中选择"总成绩"，"排序依据"选择"单元格值"，"次序"选择"降序"，如图 3-29 所示，单击"确定"按钮完成排序。

图 3-29　"排序"对话框

☑　**什么是数据清单？**

◆　具有二维表特性的电子表格在 Excel 中被称为数据清单。数据清单类似于数据库表，具有数据库的组织、管理和处理数据的功能，可以像数据库表一样使用，其中行表示记录，列表示字段。数据清单的第一行必须为文本类型，为相应列的名称。

☑　**关于排序还有哪些常用操作？**

◆　在 Excel 中，中文的排序方式可以利用图 3-29 中的排序选项进行设置：单击"排序"话框中的"选项"按钮，在弹出的"排序选项"对话框的"方法"下选择"字母排序"或"笔画排序"。

◆　当只有一个排序依据时，只需将光标定位到该关键字列任意单元格，单击"排序"按钮即可。

2. 对数据清单进行自动筛选

（1）在工作表"自动筛选"中单击数据清单中任意单元格，单击"开始"→"编辑"→"排序和筛选"→"筛选"，在列标题右侧添加自动筛选按钮▼。

（2）单击列标题"应聘岗位"右侧的下拉按钮▼，在下拉列表的"文本筛选"中取消"全选"的选定，勾选"教师岗位"选项，单击"确定"按钮，工作表中筛选出图 3-30 所示的应聘教师岗位的所有记录。

	A	B	C	D	E	F	G	H
1	准考证号	姓名	身份证号码	政治面貌	学历	毕业时间	应聘岗位	总成绩
2	202018001	苏静	370602199006254388	中共党员	博士研究生	2018/7/4	教师岗位	90.6
9	202018008	陈楚山	370685199202135534	中共党员	硕士研究生	2015/6/25	教师岗位	89
10	202018009	廖晓波	370612199102183517	中共党员	硕士研究生	2015/6/25	教师岗位	80.3
11	202018010	郭丽君	370830199508196529	中共党员	硕士研究生	2018/7/10	教师岗位	75.4
13	202018012	倪孝铭	372928199203142997	中共党员	博士研究生	2019/12/5	教师岗位	94.2
16	202018015	米鹏	232325198809240019	群众	博士研究生	2019/11/8	教师岗位	0
18	202018017	宋福鑫	232326199312062113	群众	博士研究生	2018/10/10	教师岗位	0
24	202018023	蓝雨	372922199408155044	群众	博士研究生	2019/10/20	教师岗位	81.8
25	202018024	邓力超	112232198902205536	中共党员	博士研究生	2018/9/15	教师岗位	86
26	202018025	洛雨声	370629199411086022	中共党员	博士研究生	2019/8/2	教师岗位	92
48	202018047	吴文哲	370612199304053517	中共党员	硕士研究生	2019/7/1	教师岗位	0
49	202018048	殷诗琦	370830199509196529	群众	硕士研究生	2020/7/7	教师岗位	85.2
50	202018049	杭晓阳	372926199110281135	群众	硕士研究生	2012/6/8	教师岗位	28.5
51	202018050	赵衷	372928199408142927	中共党员	硕士研究生	2018/11/7	教师岗位	70.8

图 3-30　筛选教师岗位考生记录

（3）单击列标题"学历"右侧的下拉按钮▼，在下拉列表的"文本筛选"中取消"全选"的选定，勾选"硕士研究生"选项，单击"确定"按钮。

（4）单击列标题"总成绩"右侧的下拉按钮▼，叠加筛选条件。从下拉列表中选择"数字筛选"→"大于或等于"选项，弹出"自定义自动筛选方式"对话框，在"大于或等于"后键入"85"，单击"确定"按钮，工作表将显示应聘教师岗位，总成绩在 85 分以上（含 85 分）的硕士研究生考生记录，如图 3-31 所示。

	A	B	C	D	E	F	G	H
1	准考证号	姓名	身份证号码	政治面貌	学历	毕业时间	应聘岗位	总成绩
9	202018008	陈楚山	370685199202135534	中共党员	硕士研究生	2015/6/25	教师岗位	89
49	202018048	殷诗琦	370830199509196529	群众	硕士研究生	2020/7/7	教师岗位	85.2

图 3-31　自动筛选结果

> 田　如何取消自动筛选？
>
> ◆　在 Excel 的自动筛选中，不满足筛选条件的记录是被隐藏的。如果要取消自动筛选中的某一个条件，可以单击该条件列标题右侧的下拉按钮，选择"从'列标题'中清除筛选"命令。如果所有的自动筛选都要清除，则可以单击"开始"→"编辑"→"排序和筛选"→"清除"。

3. 对数据清单进行高级筛选

（1）在工作表"高级筛选"的 J1:L3 区域参照图 3-32 输入筛选条件。

学历	应聘岗位	总成绩
博士研究生	教师岗位	
硕士研究生	教师岗位	>=85

图 3-32　高级筛选条件

> 田　高级筛选的筛选条件是如何定义的？
>
> ◆　条件输入位置与数据清单间隔一个以上的空行或者空列的任意空白单元格区域都可以，本例中固定位置是为了便于讲解。
>
> ◆　第一行是列标题行，这里的列标题必须与数据清单中完全一致，第二行开始放置筛选条件，同一行中的条件之间是"与"的关系，不同行的条件之间是"或"的关系。

（2）单击数据清单中任意单元格，单击"数据"→"排序和筛选"→"高级"命令，打开"高级筛选"对话框。

（3）在"列表区域"选择 A1:H59 区域作为数据筛选区域。

（4）选取 J1:L3 区域作为条件区域。

（5）选中"方式"下的"将筛选结果复制到其他位置"，激活"复制到"选框，单击 J5 单元格，确定筛选结果放置位置的左上角单元格地址，如图 3-33 所示。

3-3-2
高级筛选的
应用

图 3-33　"高级筛选"对话框

（6）单击"确定"按钮，在 J5 开始的位置显示图 3-34 所示的筛选结果，（如果在图 3-33 中选择"在原有区域显示筛选结果"，则在原来的数据清单上隐藏不满足条件的数据行）。

准考证号	姓名	身份证号码	政治面貌	学历	毕业时间	应聘岗位	总成绩
202018001	苏静	370602199006254388	中共党员	博士研究生	2018/7/4	教师岗位	90.6
202018008	陈楚山	370685199202135534	中共党员	硕士研究生	2015/6/25	教师岗位	89
202018012	倪孝铭	372928199203142997	中共党员	博士研究生	2019/12/5	教师岗位	94.2
202018015	米鹏	232325198809240019	群众	博士研究生	2019/11/8	教师岗位	0
202018017	宋福鑫	232326199312062113	群众	博士研究生	2018/10/10	教师岗位	0
202018023	蓝雨	372922199408155044	群众	硕士研究生	2019/10/20	教师岗位	81.8
202018024	邓力超	112232198902205536	中共党员	博士研究生	2018/9/15	教师岗位	86
202018025	洛雨声	370629199411086022	中共党员	博士研究生	2019/8/2	教师岗位	92
202018048	殷诗琦	370830199509196529	群众	硕士研究生	2020/7/7	教师岗位	85.2

图 3-34　高级筛选结果

4. 对数据清单进行分类汇总

（1）在工作表"分类汇总"数据清单中，根据"应聘岗位"进行排序。

🖿　为什么要对分类字段先进行排序？
◆　排序是为了将相同类别的数据排在一起，至于升序或者降序无要求。

（2）单击数据清单中任意单元格，单击"数据"→"分级显示"→"分类汇总"，打开"分类汇总"对话框。

（3）在"分类字段"下拉列表中选择"应聘岗位"，在"汇总方式"下拉列表中选择"计数"，在"选定汇总项"列表中选择"姓名"，如图 3-35 所示。

图 3-35　"分类汇总"对话框

（4）单击"确定"按钮，分类汇总的结果如图 3-36 所示。单击左上角的分级符号 1 2 3，可以显示不同级别的汇总结果，单击工作表左边的加号 + 或减号 − 可以显示或隐藏某个汇总项目的明细。

	准考证号	姓名	身份证号码	政治面貌	学历	毕业时间	应聘岗位	总成绩
2	202018005	路泽	370631198906218059	群众	硕士研究生	2013/7/6	党政管理岗位	81.7
3	202018006	楚濂澔	370628199006236538	群众	硕士研究生	2014/7/7	党政管理岗位	90
4	202018007	吴雷云	37112219910216434X	群众	本科	2012/6/21	党政管理岗位	74.7
5	202018011	华波	372926199106281175	中共党员	硕士研究生	2014/7/1	党政管理岗位	0
6	202018013	李锐	370724198709233775X	中共党员	硕士研究生	2010/6/28	党政管理岗位	79.05
7	202018019	肖潇	370982199003053634	群众	本科	2013/7/10	党政管理岗位	0
8	202018022	张鹏	121312199211141612	群众	硕士研究生	2017/6/15	党政管理岗位	84.8
9	202018038	于哲	370602199010193866	群众	硕士研究生	2014/11/7	党政管理岗位	75.6
10	202018040	张妮	370628199006236548	中共党员	硕士研究生	2014/7/7	党政管理岗位	90
11	202018041	马芸	371122199102134346	群众	硕士研究生	2013/7/7	党政管理岗位	24
12	202018042	马文修	370685199202135534	群众	硕士研究生	2010/7/7	党政管理岗位	78.5
13		11					党政管理岗位 计数	
24		10					会计岗位 计数	
39		14					教师岗位 计数	
45		5					融媒体管理岗位 计数	
52		6					图书管理岗位 计数	
58		5					网络管理岗位 计数	
66		7					校医岗位 计数	
67		58					总计数	

图 3-36　按应聘岗位统计应聘人数

笔记

笔记

（5）重复步骤（2），添加二级分类汇总项，在"分类字段"下拉列表中选择"应聘岗位"，在"汇总方式"下拉列表中选择"最大值"，在"选定汇总项"中勾选"总成绩"，如图 3-37 所示。

图 3-37 添加最高总成绩的汇总项

（6）取消"替换当前分类汇总"的选定，单击"确定"按钮，统计结果如图 3-38 所示。

	A	B	C	D	E	F	G	H
1	准考证号	姓名	身份证号码	政治面貌	学历	毕业时间	应聘岗位	总成绩
2	202018005	路泽	370631198906218059	群众	硕士研究生	2013/7/6	党政管理岗位	81.7
3	202018006	楚瀛浩	370628199006236538	群众	硕士研究生	2014/7/7	党政管理岗位	90
4	202018007	吴雪云	37112219910216434X	群众	本科	2012/6/21	党政管理岗位	74.7
5	202018011	华波	372926199106281175	中共党员	硕士研究生	2014/7/1	党政管理岗位	0
6	202018013	李锐	37072419870923775X	中共党员	硕士研究生	2010/6/28	党政管理岗位	79.05
7	202018019	肖潇	370982199003053634	群众	本科	2013/7/10	党政管理岗位	0
8	202018022	张鹏	121312199211141612	群众	硕士研究生	2017/6/15	党政管理岗位	84.8
9	202018038	于哲	370602199010193866	群众	硕士研究生	2014/11/7	党政管理岗位	75.6
10	202018040	张妮	370628199006236548	中共党员	硕士研究生	2014/7/7	党政管理岗位	90
11	202018041	马芸	371122199102164346	群众	硕士研究生	2012/7/1	党政管理岗位	24
12	202018042	马文修	370685199202135534	群众	硕士研究生	2010/7/7	党政管理岗位	78.5
13							党政管理岗位 最大值	90
14		11					党政管理岗位 计数	
25							会计岗位 最大值	95.2
26		10					会计岗位 计数	
41							教师岗位 最大值	94.2
42		14					教师岗位 计数	

图 3-38 多级分类汇总结果

▨ 如何取消分类汇总？
◆ 单击数据清单中任意单元格，单击"数据"→"分级显示"→"分类汇总"，在打开的"分类汇总"对话框中单击"全部删除"按钮。

5. 利用冻结窗格进行大数据浏览

（1）在工作表"排序"中，单击 A2 单元格。

（2）单击"视图"→"窗口"→"冻结窗格"→"冻结拆分窗格"。

（3）向下拖动滚动条，浏览数据，观察列标题行（第 1 行）的状态。

▨ 为什么要使用冻结窗格？
◆ 在浏览数据较多的表格时，向下、向右翻屏后，上面和左侧的部分数据不能显示在窗口内，而利用冻结窗格功能可以使当前单元格上面和左侧的数据冻结在窗口内，始终显示。

6. 进行页面设置并预览打印效果

（1）在工作表"排序"中，单击"页面布局"→"页面设置"组的对话框启动器按钮，打开"页面设置"对话框。

（2）在"页面"选项卡中，"纸张大小"选择"A4"，"方向"选择"横向"。

（3）切换至"页边距"选项卡，分别设置上、下页边距为 2.5 厘米，左、右页边距为 1 厘米；"居中方式"勾选"水平""垂直"复选项。

（4）切换至"页眉/页脚"选项卡，单击"自定义页眉"按钮，在打开的"页眉"对话框中间的文本框中键入文字"考生成绩统计表"，如图 3-39 所示，单击"确定"按钮，返回"页面设置"对话框。

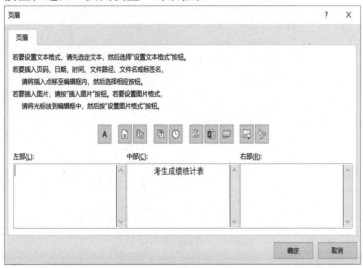

图 3-39　"页眉"对话框

（5）单击"自定义页脚"按钮，在打开的"页脚"对话框中，单击右侧文本框，单击"插入日期"按钮，如图 3-40 所示，单击"确定"按钮即可在页脚右侧插入系统日期。

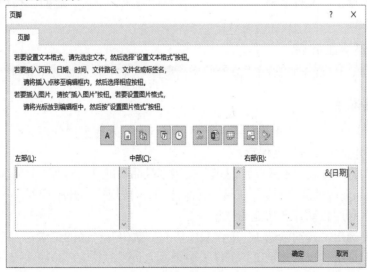

图 3-40　"页脚"对话框

笔记

（6）切换至"工作表"选项卡，单击"顶端标题行"选项框右侧的对话框折叠按钮⬆️，在工作表中点击列标题行（第 1 行）任意位置，则在浮动的"页面设置-顶端标题行"对话框中将出现"$1:$1"。单击"页面设置-顶端标题行"对话框右侧的折叠按钮⬇️返回"工作表"选项卡，如图 3-41 所示，单击"确定"按钮。

图 3-41　顶端标题行的设置

> ⊞　如何指定打印范围？
> ◆　在图 3-41 所示的对话框中，对"打印区域"项进行设置即可。

（7）选中第 31 行，单击"页面布局"→"页面设置"→"分隔符"→"插入分页符"命令。

（8）单击"文件"→"打印"，预览打印效果，单击"返回"按钮◀️，回到编辑状态。

7. 保存工作簿

单击快速访问工具栏的"保存"按钮💾，以原文件名保存工作簿。

➤ 拓展训练

打开素材文件"项目三\任务 3\拓展训练\5 月出入库数据分析.xlsx"，完成下列题目，并且以原文件名保存。

（1）将工作表"出入库汇总表"按照产品品种的升序排列，产品品种相同的再按产品名称的降序排列，产品名称相同的再按规格的升序排列。

（2）利用自动筛选功能筛选记录。

① 筛选出"自动筛选 1"工作表中所有"数码"产品的记录。

② 筛选出"自动筛选 2"工作表中录入人员"211"在 2019 年 5 月 10 日（包括当日）之前的出入库记录。

（3）利用高级筛选筛选记录。

① 筛选 2019 年 5 月 10 日后手机产品的出入库记录,结果如图 3-42 所示。

笔记

编号	入库/出库	日期	产品品种	产品名称	规格	数量	录入员代	备注
NO-1-0011	1	2019/5/15	手机	诺基亚	5300	10	111	
NO-1-0019	1	2019/5/25	手机	诺基亚	N81	10	113	
NO-2-0008	1	2019/5/10	手机	尼康	S550	7	211	
NO-2-0014	1	2019/5/20	手机	尼康	S550	2	211	

图 3-42　高级筛选一

② 筛选诺基亚产品以及 2019 年 5 月 10 日之后数量大于等于 5 的华硕产品的记录，筛选结果如图 3-43 所示。

编号	入库/出库	日期	产品品种	产品名称	规格	数量	录入员代	备注
NO-1-0003	1	2019/5/8	手机	诺基亚	N95	508	112	
NO-1-0011	1	2019/5/15	手机	诺基亚	5300	10	111	
NO-1-0013	1	2019/5/20	计算机	华硕	A8H237 笔记本	6	111	
NO-1-0019	1	2019/5/25	手机	诺基亚	N81	10	113	
NO-2-0003	1	2019/5/8	计算机	诺基亚	N95	10	211	
NO-2-0007	2	2019/5/10	数码相机	华硕	F85v 笔记本	5	211	
NO-2-0009	2	2019/5/10	数码相机	诺基亚	N95	5	211	
NO-2-0015	2	2019/5/21	数码摄像	诺基亚	N95	5	211	

图 3-43　高级筛选二

③ 筛选日期在 2019 年 5 月 10 日之后且数量大于等于 6 的华硕和诺基亚产品入库记录（"入库/出库"值为 1 表示入库，2 表示出库），筛选结果如图 3-44 所示。

编号	入库/出库	日期	产品品种	产品名称	规格	数量	录入员代	备注
NO-1-0011	1	2019/5/15	手机	诺基亚	5300	10	111	
NO-1-0013	1	2019/5/20	计算机	华硕	A8H237 笔记本	6	111	
NO-1-0019	1	2019/5/25	手机	诺基亚	N81	10	113	

图 3-44　高级筛选三

（4）利用分类汇总统计数据。

① 分别汇总出库和入库的总数量。

② 统计每种产品数量的最大值。

③ 统计每种产品出库、入库的次数。

任务 4　分析考生成绩

➢ 任务目的

1. 能够创建图表并设置图表的格式，用图形直观表达数据。

2. 能够熟练地创建动态数据透视表。

3. 能够依据需求合理地改变数据透视表的布局，制作数据分析报表。

4. 能对数据进行分组设置，分段统计分析。

5. 能使用数据透视表筛选器分页（多工作表）显示数据。

5. 能熟练创建数据透视图，直观显示汇总结果。

6. 能熟练使用切片器，建立多级联动的数据透视表或数据透视图。

7. 提高学生的专业数据分析水平。

笔记

> **任务要求**

1. 打开素材文件"项目三\任务 4\考生成绩.xlsx"，创建考生面试成绩前五名的簇状柱形图。

2. 设计图表布局 3 及样式 4，图表标题为"面试成绩前五名图表"，设置纵坐标标题为"面试成绩"，并为图表标题设置红色边框。

3. 设计图表形状样式为"彩色轮廓-蓝色，强调颜色 5"，图表高 7 厘米、宽 10 厘米。

4. 复制图表，将新图表类型改为"簇状条形图"。

5. 创建动态的数据透视表，按应聘岗位分别统计男、女人数，数据透视表名称为"各应聘岗位男女人数汇总"。

6. 复制、编辑数据透视表，按总成绩分段统计各应聘岗位人数，分段设置"起始于 60，终止于 100，步长 10"，数据透视表名称为"各应聘岗位总成绩分段统计人数"。

7. 创建"各应聘岗位总成绩分段统计人数"数据透视图。

8. 创建数据透视表，多工作表分别显示本科、硕士研究生、博士研究生的姓名、笔试成绩、面试成绩和总成绩。

> **任务实施**

1. 创建簇状柱形图

（1）打开素材文件"项目三\任务 4\考生成绩.xlsx"，单击"Sheet1"标签，按面试成绩进行降序排序。

（2）选择面试成绩前五名的相关数据区域（B1:B6 和 M1:M6），单击"插入"→"图表"→"柱形图"→"二维柱形图"→"簇状柱形图"，即可在当前工作表中插入图表。

2. 设计图表布局及图表样式

（1）选择图表，单击"图表工具/设计"→"图表布局"→"快速布局"→"布局 3"。

（2）单击"图表工具/设计"→"图表样式"→"样式 4"。

（3）单击图表标题，将图表标题修改为"面试成绩前五名图表"，单击"图表工具/设计"→"图表布局"→"添加图表元素"→"图表标题"→"其他标题选项"，在打开的"设置图表标题格式"任务窗格中，选择边框颜色为"实线""红色"，如图 3-45 所示，然后单击"关闭"按钮。

（4）单击"图表工具/设计"→"图表布局"→"添加图表元素"→"坐标轴标题"→"更多轴标题选项"，在打开的"设置坐标轴标题格式"任务窗格中，单击"标题选项"的向下按钮，在下拉列表中选择"垂直（值）轴标题"，单击"文本选项"→"文本框"按钮，设置文字方向"竖排"，如图 3-46 所示。

（5）单击纵向坐标轴标题，输入文本"面试成绩"。

图 3-45　设置图表标题格式　　　　图 3-46　设置坐标轴标题格式

3. 设置图表格式及大小

（1）选中图表，单击"图表工具/格式"→"形状样式"→"彩色轮廓-蓝色，强调颜色 5"。

（2）单击"图表工具/格式"→"大小"，设置图表高 7 厘米、宽 10 厘米。图表最终效果如图 3-47 所示。

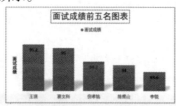

图 3-47　柱形图表效果图

4. 更改图表类型

（1）复制图表，选择新图表，单击"图表工具/设计"→"类型"→"更改图表类型"，打开"更改图表类型"对话框，如图 3-48 所示。

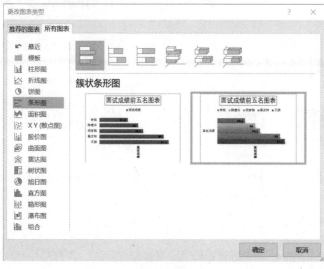

图 3-48　"更改图表类型"对话框

笔记

（2）选择"条形图"→"簇状条形图"，单击"确定"按钮。

> ▣ 如何修改图表数据？
> ◆ 选中图表，单击"图表工具/设计"→"数据"→"选择数据"，打开"选择数据源"对话框，在"图表数据区域"中输入新的区域。

5. 创建动态数据透视表，统计应聘岗位男女人数

（1）单击数据清单中任意单元格，单击"插入"→"表格"→"数据透视表"，打开"创建数据透视表"对话框。

（2）在"请选择要分析的数据"选项组中选中"选择一个表或区域"，然后在"表/区域"文本框中选择 A1:N59；在"选择放置数据透视表的位置"选项组中选中"新工作表"，如图 3-49 所示。

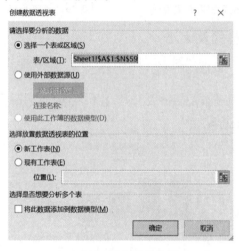

图 3-49 "创建数据透视表"对话框

3-4-1
创建数据透视表

（3）单击"确定"按钮，在新工作表中自动创建空白数据透视表，同时打开"数据透视表字段"任务窗格，如图 3-50 所示。

图 3-50 创建数据透视表

> 数据透视表布局区包括哪些组成部分？
> ◆ 筛选器：控制整个数据透视表的显示情况。
> ◆ 行：显示为数据透视表侧面的行，行区域中有多个字段时，位置较低的行嵌套在它上面的行中。
> ◆ 列：显示为数据透视表顶部的列，列区域中有多个字段时，位置较低的列嵌套在它上面的列中。
> ◆ 值：显示汇总数据。

（4）在"数据透视表字段"任务窗格中，将"应聘岗位"字段拖到"行"区域，将"性别"字段拖到"列"区域，将"身份证号码"拖到"值"区域，生成图 3-51 所示的数据透视表。

计数项:身份证号码	列标签		
行标签	男	女	总计
党政管理岗位	7	4	11
会计岗位	7	3	10
教师岗位	8	6	14
融媒体管理岗位	3	2	5
图书管理岗位	3	3	6
网络管理岗位	4	1	5
校医岗位	6	1	7
总计	38	20	58

图 3-51　各应聘岗位男女人数汇总

（5）单击数据透视表中任意单元格，单击"数据透视表工具/分析"，在"数据透视表"组的"数据透视表名称"文本框中输入数据透视表的名称"各应聘岗位男女人数汇总"。

6. 复制、编辑数据透视表

（1）选定数据透视表"各应聘岗位男女人数汇总"并右击，在快捷菜单中单击"复制"命令；选定某个空白单元格，右击，在快捷菜单中单击"粘贴"命令；单击"数据透视表工具/分析"，在"数据透视表"组的"数据透视表名称"文本框中输入数据透视表的名称"各应聘岗位总成绩分段统计人数"。

3-4-2
分组设置

（2）在"数据透视表字段"任务窗格中，将"性别"字段从"列"区域移出去，将"行"区域中的"应聘岗位"字段移到"列"区域，将"总成绩"字段移到"行"区域。

（3）在数据透视表中，右击"总成绩"所在列的任一单元格，在弹出的下拉菜单中选择"创建组"命令，打开"组合"对话框，参照图 3-52 进行设置。

图 3-52　"组合"对话框

（4）单击"确定"按钮，结果如图 3-53 所示。

计数项:身份证号码	列标签							
行标签	党政管理岗位	会计岗位	教师岗位	融媒体管理岗位	图书管理岗位	网络管理岗位	校医岗位	总计
<60	3	1	4	2	3		2	15
70-80	4	5	2	1	1	4	1	18
80-90	2	3	5	1	1	1	4	17
90-100	2	1	3	1	1			8
总计	11	10	14	5	6	5	7	58

图 3-53　"各应聘岗位总成绩分段统计人数"数据透视表效果

7. 创建数据透视图

（1）将光标定位于数据透视表中任意单元格，单击"数据透视表工具/分析"→"工具"→"数据透视图"，打开"插入图表"对话框。

（2）选择"柱形图"→"百分比堆积柱形图"，单击"确定"按钮，即在当前工作表中创建数据透视图，如图 3-54 所示。

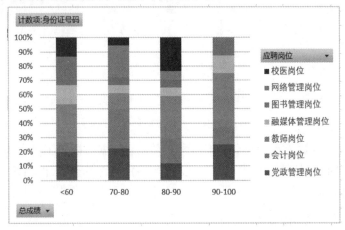

图 3-54　"各应聘岗位总成绩分段统计人数"数据透视图

8. 在多工作表中显示指定的信息

（1）单击数据清单中任意单元格，单击"插入"→"表格"→"数据透视表"，打开"创建数据透视表"对话框。

（2）在"请选择要分析的数据"选项组中选中"选择一个表或区域"，然后在"表/区域"文本框中选择 A1:N59；在"选择放置数据透视表的位置"选项组中选中"新工作表"，单击"确定"按钮，在新工作表中自动创建空白数据透视表，同时打开"数据透视表字段"任务窗格。

（3）在"数据透视表字段"任务窗格中，将"学历"字段拖到"筛选器"区域，将"姓名""笔试成绩""面试成绩"和"总成绩"等字段拖到"行"区域，创建图 3-55 所示的数据透视表。

（4）单击"数据透视表工具/分析"→"数据透视表"→"选项"，在弹出的"数据透视表选项"对话框中切换至"显示"选项卡，选中"经典数据透视表布局"，取消"显示展开/折叠按钮"的勾选，如图 3-56 所示，单击"确定"按钮。

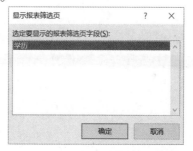

	A	B
1	学历	(全部) ▾
2		
3	行标签	▾
4	⊟202018001	
5	⊟苏静	
6	⊟0	
7	⊟90.6	
8		90.6
9	⊟202018002	
10	⊟陈峰	
11	⊟71	
12	⊟87	
13		79
14	⊟202018003	
15	⊟王晓丽	
16	⊟87	
17	⊟93	
18		90

图 3-55　以学历为筛选器的数据透视表　　　　图 3-56　"数据透视表选项"对话框

（5）单击"数据透视表工具/设计"→"布局"→"分类汇总"→"不显示分类汇总"，单击"数据透视表工具/设计"→"布局"→"总计"→"对行和列禁用"，数据透视表展示效果如图 3-57 所示。

学历	(全部) ▾		
姓名 ▾	笔试成绩	面试成绩	总成绩
蔡文科	80.5	95	87.75
朝阳	75	86.6	80.8
陈楚山	84	94	89
陈凡	0	93.4	93.4
陈风清	57	0	28.5
陈峰	71	87	79
楚濂浩	87	93	90
禇晓阳	51	0	25.5

图 3-57　按学历筛选数据透视图　　　　图 3-58　"显示报表筛选页"对话框

（6）单击"数据透视表工具/分析"→"数据透视表"→"选项"→"显示报表筛选页"，打开"显示报表筛选页"对话框，选定"学历"为要显示的报表筛选页字段，如图 3-58 所示，单击"确定"按钮，即创建了各学历成绩分表。

➤ 拓展训练

1. 创建"各应聘岗位个人总成绩"数据透视表和数据透视图。

（1）打开素材文件"项目三\任务 4\考生成绩.xlsx"，创建数据透视表"各应聘岗位个人总成绩"，将"应聘岗位"字段拖到"筛选器"区域，将"姓名"字段拖到"行"区域，将"总成绩"字段拖到"值"区域。

（2）单击"数据透视表工具/分析"→"工具"→"数据透视图"，结果如图 3-59 所示。

笔记

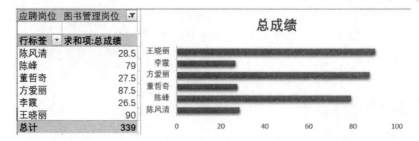

图 3-59 "各应聘岗位个人总成绩"数据透视表和数据透视图

2. 创建"男女平均成绩"数据透视表和数据透视图。

（1）复制数据透视表"各应聘岗位个人总成绩"，重命名为"男女平均成绩"，将"性别"字段拖到"行"区域，将"总成绩"字段拖到"值"区域。

（2）单击"值"区域中的"求和项：总成绩"，在弹出的下拉菜单中选择"值字段设置"命令，打开"值字段设置"对话框，"计算类型"选择"平均值"，如图 3-60 所示。

图 3-60 "值字段设置"对话框

（3）单击"数据透视表工具/分析"→"工具"→"数据透视图"，结果如图 3-61 所示。

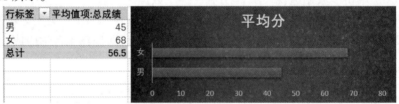

图 3-61 "男女平均成绩"数据透视表和数据透视图

3. 创建切片器。

（1）在数据透视表"各应聘岗位个人总成绩"中单击"数据透视表工具/分析"→"筛选"→"插入切片器"，打开"插入切片器"对话框，如图 3-62 所示。

图 3-62　"插入切片器" 对话框

图 3-63　"应聘岗位" 切片器

（2）在对话框中选中"应聘岗位"，单击"确定"，"应聘岗位"切片器如图 3-63 所示。

（3）选择"应聘岗位"切片器，单击"切片器工具/选项"→"切片器"→"报表连接"，在打开的"数据透视表连接"对话框中，选择要连接到此筛选器的数据透视表和数据透视图，如图 3-64 所示，单击"确定"。

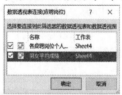

图 3-64　"数据透视表连接" 对话框

3-4-3
切片器

（4）在"应聘岗位"切片器中，选择不同的岗位（如会计岗位），即可二级联动，实现两个数据透视表（图）同步变化。

4. 创建"成绩走向"迷你图。

（1）打开素材文件"项目三\任务 4\考生成绩.xlsx"，单击工作表标签"Sheet1"，在单元格 O1 中输入"成绩走向"，单击"插入"→"迷你图"→"折线图"，弹出"创建迷你图"对话框。"数据范围"选择"L2:N59"，"位置范围"选择"$O$2:$O$59"，如图 3-65 所示。

（2）单击"确定"按钮，则在指定的单元格区域出现图 3-66 所示的"成绩走向"迷你图。

图 3-65　"创建迷你图" 对话框

L	M	N	O
笔试成绩	面试成绩	总成绩	成绩走向
0	90.6	90.6	
71	87	79	
87	93	90	
80	89.4	84.7	
78	85.4	81.7	
87	93	90	
68	81.4	74.7	
84	94	89	
78	82.6	80.3	
66	84.8	75.4	
0	0	0	
0	94.2	94.2	
64.5	93.6	79.05	
53	0	26.5	

图 3-66　"成绩走向" 迷你图

笔记

任务 5　合并考生成绩

➢ 任务目的

1. 熟练掌握 Microsoft Excel 2016 中的合并计算功能。
2. 掌握所有字段名和排列顺序完全一致情况下的数据合并计算。
3. 掌握表格中字段名和排列顺序不一致情况下的数据合并计算。
4. 熟练创建智能表格。
5. 能够熟练运用智能表格对数据进行编辑汇总等操作。
6. 充分了解智能表格的优势。
7. 能够将智能表格转化为普通表格显示。

➢ 任务要求

1. 打开素材文件"项目三\任务 5\考生成绩合并（素材）.xlsx"，仔细观察"笔试成绩""面试成绩""合并计算（结构相同）"三个工作表的布局，确认这三个工作表的字段名是否完全相同，字段名的顺序是否完全一致，最左列准考证号的顺序是否相同。

2. 将"笔试成绩""面试成绩"两个工作表中的数据合并计算到"合并计算（结构相同）"的工作表中。

3. 观察"硕士成绩""博士成绩"两个工作表的布局，确认这两个工作表的字段名是否相同，字段名的顺序是否完全一致，最左列准考证号的顺序是否相同。

4. 新建工作表，重命名为"合并计算（结构不同）"，并将该工作表放在"合并计算（结构相同）"工作表后面。

5. 将"硕士成绩""博士成绩"两个工作表中的数据合并计算到"合并计算（结构不同）"工作表中。

6. 以"考生成绩合并.xlsx"为文件名保存工作簿。

➢ 任务实施

1. 观察结构相同的工作表布局

打开素材文件"项目三\任务 5\考生成绩合并（素材）.xlsx"，分别单击"笔试成绩""面试成绩""合并计算（结构相同）"三个工作表标签。

（1）观察这三个工作表的首行，确认字段名称完全一致，字段的排列顺序完全相同。

（2）观察这三个工作表的最左列，准考证号的顺序应完全一致。

（3）确认三个表的左侧有多列字符型字段，如"姓名""学历""应聘岗位"等，如图 3-67 所示。

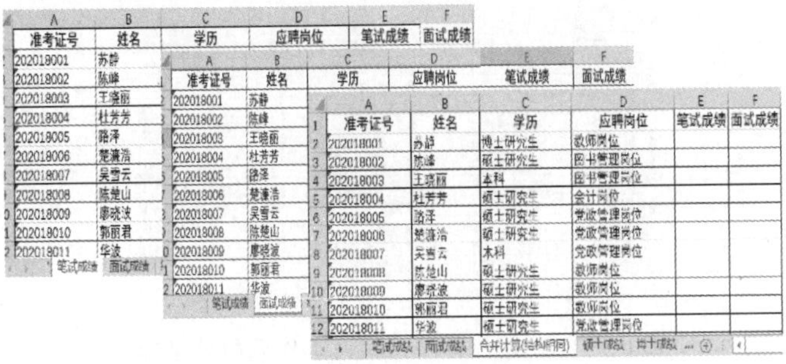

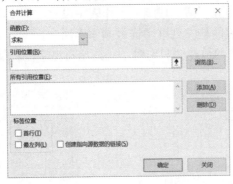

图 3-67 结构相同的三个工作表

2. 合并计算结构相同的工作表

（1）单击"合并计算（结构相同）"工作表标签，选定 E2 单元格，单击"数据"→"合并计算"，弹出"合并计算"对话框，如图 3-68 所示。

图 3-68 "合并计算"对话框

（2）在"函数"下拉列表中选择"求和"，单击"引用位置"文本框右侧的折叠按钮，单击"笔试成绩"工作表标签，选择 E2:F59 单元格区域，单击折叠按钮返回"合并计算"对话框。单击"添加"按钮，将引用位置添加到"所有引用位置"框中。

（3）用同样的方法将"面试成绩"工作表中的 E2:F59 单元格区域添加到"所有引用位置"框中，如图 3-69 所示。

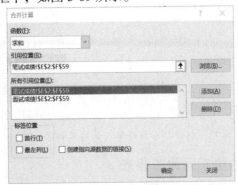

3-5-1
结构相同工作
表的合并计算

图 3-69 结构相同的"合并计算"对话框设置

（4）单击"确定"按钮，完成结构相同工作表的合并计算，效果如图 3-70 所示。

图 3-70　合并计算结构相同工作表的效果图

3. 观察结构不同的工作表布局

分别单击"硕士成绩""博士成绩"工作表标签，观察这两个工作表，发现以下特征：

（1）两个工作表的首行字段名称只有最左侧的"准考证号"一致，其他字段名称不同、顺序不同。"博士成绩"工作表中没有"笔试成绩"。

（2）两个工作表的最左列准考证号顺序不同。

（3）两个工作表的最左侧只有唯一一列字符型字段，即"准考证号"，如图 3-71 所示。

图 3-71　结构不同的两个工作表

4. 新建空白工作表

新建工作表，重命名为"合并计算（结构不同）"；将该工作表放在"合并计算（结构相同）"工作表后面，如图 3-72 所示

图 3-72　新建"合并计算（结构不同）"工作表

5. 合并计算结构不同的工作表

（1）单击"合并计算（结构不同）"工作表标签，选定 A1 单元格，单击"数据"→"合并计算"，弹出"合并计算"对话框。

（2）在"函数"下拉列表中选择"求和"；单击"引用位置"文本框右侧的折叠按钮，单击"硕士成绩"工作表标签，选择 A1:D46 单元格区域，单击折叠

按钮返回"合并计算"对话框，单击"添加"按钮，将引用位置添加到"所有引用位置"框中。

（3）用同样的方法将"博士成绩"工作表中的 A1:C11 单元格区域添加到"所有引用位置"框中。

（4）在"标签位置"勾选"首行""最左列"，如图 3-73 所示。

图 3-73　合并计算结构不同工作表的对话框设置

（5）单击"确定"按钮，完成结构不同工作表的合并计算。单击 A1 单元格，输入"准考证号"，合并效果如图 3-74 所示。

	A	B	C	D	E	F	G	H
1	准考证号	笔试成绩	面试成绩	总成绩				
2	202018001		90.6	90.6				
3	202018012		94.2	94.2				
4	202018015		0	0				
5	202018017		0	0				
6	202018018		95.2	95.2				
7	202018023		81.8	81.8				
8	202018024		86	86				
9	202018025		92	92				
10	202018028		0	0				
11	202018035		93.4	93.4				
12	202018002	71	87	79				
13	202018004	80	89.4	84.7				
14	202018005	78	85.4	81.7				
15	202018006	87	93	90				
16	202018008	84	94	89				

笔试成绩　面试成绩　合并计算(结构相同)　合并计算(结构不同)　硕士成绩　博士成绩

图 3-74　合并计算结构不同工作表的效果图

3-5-2
结构不同工作
表的合并计算

> 为什么效果图中部分人的"笔试成绩"列是空的？
◆ 招聘考试中博士不用笔试，直接进入面试，所以博士没有笔试成绩。
> 合并计算结构相同的工作表与合并计算结构不同的工作表有什么区别？
◆ 当要合并的工作表结构完全一致，并且需要保留多个文本型字段时，适合用结构相同的合并计算方法；当要合并的工作表结构不同，只有最左列的字段名相同，并且左侧只有一列文本型字段时，适合用结构不同的合并方法。

6. 保存工作簿

以"考生成绩合并.xlsx"为文件名保存工作簿。

➤ 拓展训练

1. 创建智能表格。

在 Excel 2016 中，创建智能表格并不是新建了一个表格，而只是把普通的单元格区域转变为特殊的表格区域。智能表格帮助我们更轻松地进行数据的管理和计算。

（1）打开素材文件"项目三\任务 5\智能表格（素材）"。

（2）选择 A1:G59 单元格区域，单击"插入"→"表格"，弹出"创建表"对话框，勾选"表包含标题"，如图 3-75 所示。

图 3-75 "创建表"对话框

（3）单击"确定"，创建智能表格，如图 3-76 所示。

	A	B	C	D	E	F	G	H
1	准考证号	姓名	学历	毕业时间	应聘岗位	笔试成绩	面试成绩	
2	202018006	楚濂浩	硕士研究生	2014/7/7	党政管理岗位	87	93	
3	202018040	张妮	硕士研究生	2014/7/7	党政管理岗位	87	93	
4	202018022	张鹏	硕士研究生	2017/6/15	党政管理岗位	82	87.6	
5	202018005	路泽	硕士研究生	2013/7/6	党政管理岗位	78	85.4	
6	202018013	李锐	硕士研究生	2010/6/28	党政管理岗位	64.5	93.6	
7	202018042	马文修	硕士研究生	2010/7/7	党政管理岗位	70	87	
8	202018038	于哲	硕士研究生	2014/11/7	党政管理岗位	67	84.2	
9	202018007	吴雪云	本科	2012/6/21	党政管理岗位	68	81.4	
10	202018041	马芸	硕士研究生	2012/7/1	党政管理岗位	48	0	
11	202018011	华波	硕士研究生	2014/7/1	党政管理岗位	0	0	
12	202018019	肖潇	本科	2013/7/10	党政管理岗位	0	0	
13	202018018	王琪	博士研究生	2018/9/9	会计岗位	0	95.2	
14	202018056	葛文静	硕士研究生	2015/6/7	会计岗位	80	92.4	
15	202018004	杜芳芳	硕士研究生	2014/6/27	会计岗位	80	89.4	
16	202018052	杜美琪	硕士研究生	2014/7/7	会计岗位	82	86.8	

图 3-76 创建的智能表格

2. 智能表格的智能体验。

（1）自动套用表格样式和筛选：

① 在图 3-76 中，将普通表格区域转换成智能表格以后，表格区域会自动套用表格样式，使表格更加美观易读。如果不喜欢给出的样式，可以更换。

② 智能表格会在标题行创建"筛选"按钮，方便筛选。

（2）样式自动扩展到新增的行和列：

单击 H1 单元格，输入"总成绩"，按回车键，"总成绩"列的格式自动与整个智能表格的格式保持一致，无须再设置格式。

（3）公式自动填充和更新：

单击 H2 单元格，输入公式"=IF(C2="博士研究生",G2,F2*0.5+G2*0.5)"，按回车键，该列的其他单元格也自动按公式填充数据，无须人工下拉填充。

（4）自动添加汇总行：

单击智能表格中的任意单元格，单击"表格工具/设计"→"表格样式选项"→勾选"汇总行"，智能表格下方会自动添加汇总行。单击汇总单元格右侧的下拉按钮可改变汇总方式，如图 3-77 所示（此处选择"平均值"汇总方式）。

3-5-3
智能表格体验

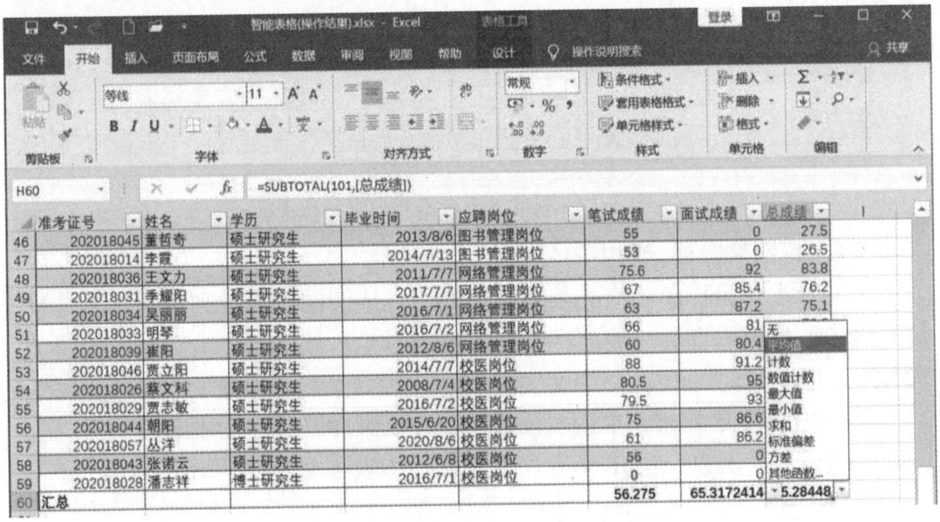

笔记

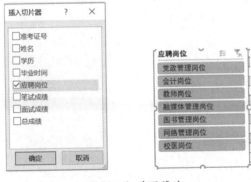

图 3-77　添加汇总行，改变汇总方式

（5）切片器智能化筛选：

单击智能表格中的任意单元格，单击"插入"→"切片器"，勾选"应聘岗位"，单击"确定"，如图 3-78 所示。

图 3-78　切片器筛选

（6）数据透视表实时更新：

如果我们要在智能表格中创建数据透视表，当在表格区域中增加或删减数据时，只需要单击"刷新"按钮即可快速更新数据透视表。

> 如何将智能表格转化为普通表格显示？
>
> ◆ 选择智能表格区域 A1:G59，单击"表格工具/设计"→"工具"→"转换为区域"，在出现的对话框中确认即可。

3. 单变量求解。

单变量求解是解决假定一个公式要取得某一结果值，其中变量的引用单元格应取值为多少的问题。

招聘文件规定：总成绩达到 80 分（含）才有资格进入第二轮面试。现在笔试成绩已出，某考生想测试一下面试成绩至少要考多少分才有资格进入第二轮面试。

（1）创建单变量求解的数据模型。

打开素材文件"项目三\任务 5\单变量求解（素材）"，如图 3-79 所示。

学历	毕业时间	应聘岗位	邮箱地址	笔试成绩	面试成绩	总成绩
硕士研究生	2010/7/7	图书管理岗位	3476688@qq.com	81		
本科	2012/6/8	图书管理岗位	3476689@qq.com	87		
硕士研究生	2014/6/27	会计岗位	3476690@qq.com	80		

图 3-79　创建单变量求解的数据模型

（2）编辑目标单元格中的公式。

单变量求解目标单元格必须要有公式。总成绩的计算规则：若学历是博士研究生，面试成绩即为总成绩；其他学历的考生，按笔试成绩和面试成绩各占 50%计入总成绩。

① 单击 N2 单元格，单击"公式"→"函数库"→"插入函数"。

② 选择 IF 函数，在 IF 函数参数对话框中输入图 3-80 所示的内容。

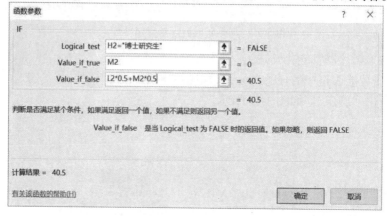

图 3-80　编辑目标单元格公式

③ 单击"确定"按钮，得到"总成绩"的测算结果，如图 3-81 所示。

	H	I	J	K	L	M	N
	学历	毕业时间	应聘岗位	邮箱地址	笔试成绩	面试成绩	总成绩
2	硕士研究生	2010/7/7	图书管理岗位	3476688@qq.com	81		40.5
3	本科	2012/6/8	图书管理岗位	3476689@qq.com	87		

N2　fx　=IF(H2="博士研究生",M2,L2*0.5+M2*0.5)

图 3-81　目标单元格测算公式结果

（3）模拟预测总成绩要达到 80 分的面试成绩。

① 单击数据区域的任意单元格，单击"数据"→"预测"→"模拟分析"→"单变量求解"，打开"单变量求解"对话框，如图 3-82 所示。

3-5-4
单变量求解

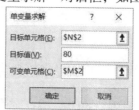

图 3-82　"单变量求解"对话框

② 目标单元格选择 N2，目标值设定 80，可变单元格选择 M2，单击"确定"按钮，对单元格 N2 进行单变量求解并求得一个解，如图 3-83 所示。单击

"确定"按钮完成测算。

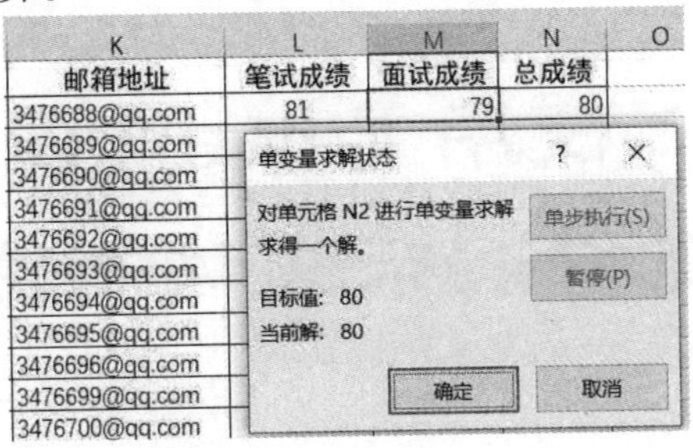

图 3-83　单变量求解状态

　　测算结果表明，该考生的面试成绩至少要达到 79 分，总成绩才能达到 80 分，从而获得参加第二轮面试的资格。

项目总结

　　本项目通过实施 Excel 的编辑考生信息、统计考生成绩、管理考生成绩、分析考生成绩、合并考生成绩 5 个任务，学习 Excel 的数据处理功能，提高学生电子表格智能处理数据的水准，为今后在学习、工作和生活中使用电子表格处理数据奠定良好的基础。

项目四　使用 PowerPoint 2016
进行演示文稿制作

项目介绍

1. 项目情景

　　PowerPoint 是 Office 系列办公软件的一个重要组件，是一款专门用于制作演示文稿的工具，能够集文字、图片、音/视频等多媒体元素于一体，广泛运用于主题演讲、述职竞聘、产品演示、经验交流、工作汇报、知识培训等众多领域。PowerPoint 2016 新增了丰富、实用的主题和模板，还新增了屏幕录制、更多图表类型、智能查找、新的对齐、颜色匹配以及其他设计工具等功能，这样演示文稿的制作会更快捷、丰富、美观、生动，增添了更强的视觉效果。

2. 项目应用

　　PowerPoint 的主要功能是将各种文字、图形、图表、音频、视频等多媒体信息以图片的形式展示出来。制作演示文稿的最终目的是给观众留下深刻印象，所以设计演示文稿要重点突出、简洁明了、形象直观，文字的使用要少而精，多元素的插入可以增强演示文稿的表达效果。通过设计的项目实施，力求解决以下计算机操作问题：

　　（1）通过演示文稿的创建与编辑，完成利用模板创建演示文稿，使用主题统一修饰演示文稿，插入不同版式的幻灯片并进行编辑，能够插入图片、图表、SmartArt 图形等多种对象，学会重用其他模板幻灯片，观看放映并保存演示文稿，能够制作出集多种元素于一体的丰富、美观、生动的演示文稿。

　　（2）能够动态展示演示文稿，通过插入音频、视频文件，设置幻灯片的切换效果和幻灯片对象的动画效果，熟练使用设置超链接和插入动作按钮实现幻灯片的交互，学会以多种方式放映幻灯片，根据需要将演示文稿保存成不同类型文件。

　　本项目以"个人应聘介绍"和"大学生职业生涯规划"为主线，使用素材设计、创建、编辑、美化演示文稿，插入音/视频，设置幻灯片切换和动画效果等，将演示文稿进行图文并茂的动态展示。

项目实施

任务 1　演示文稿的创建与编辑

➢ 任务目的

1. 掌握 PowerPoint 2016 的工作界面和基本操作。
2. 掌握使用 PowerPoint 模板创建演示文稿的方法。
3. 熟练使用主题统一控制幻灯片外观。
4. 学会重用其他模板幻灯片并进行编辑。
5. 能够插入不同版式的幻灯片并进行编辑。
6. 学会在幻灯片中插入不同的对象。
7. 能够从大纲导入 Word 内容快速添加幻灯片。
8. 能够熟练放映和保存演示文稿。
9. 增强综合运用知识的能力。
10. 学会对作品进行审美及评价。

➢ 任务要求

1. 使用 PowerPoint 2016 的 "有趣的假期" 模板创建新演示文稿，并熟悉软件界面。

2. 筛选保留演示文稿中前 3 张及第 10 张幻灯片，删除其他幻灯片。

3. 修改标题幻灯片。主标题为 "个人应聘介绍"，副标题为自己的名字，下方日期修改为自动更新日期，删除右侧图片，插入 "创造广场.png" 图片。

4. 重用素材中的 "述职报告.pptx" 模板，插入第 2 张幻灯片，蓝色背景使用素材中的 "七星桥.jpg" 图片 "填充"，修改中间白色矩形的透明度为 8%，logo 图片替换为 "创造 1.jpg"，修改右侧文字为 "01 自我介绍" "02 在校表现" "03 胜任能力" "04 工作规划"。

5. 修改模板幻灯片。

（1）将第 3、第 4 张幻灯片互换位置。修改 "文本版式 01" 幻灯片标题为 "01 自我介绍"，删除左侧图片和图片框，插入图片 "一寸照片.jpg"，裁剪为椭圆形，高度 12 厘米，背景设置为透明色。删除右下方内容，插入一个 2 列 6 行的表格，高度 9 厘米、宽度 15 厘米，输入图 4-8 所示的表格内容。

（2）修改第 4 张 "分隔幻灯片" 标题为 "02 在校表现"，副标题为 "教育经历　｜　工作实践　｜　荣誉奖励　｜　个人作品"，字号 24 磅，将其移至幻灯片下方。删除幻灯片中的图片，插入 "烟台职业学院.png"。

6. 新建 "标题和内容" 版式幻灯片，标题为 "03 胜任能力"。插入图表 "圆环图"，输入图 4-11 中所示数据。图表设置为 "布局 5" 格式，高度 15 厘米、宽度 15 厘米，水平居中，字号 24 磅，改为 "填充：黑色，文本色 1；阴影" 艺术字样式，删除图表标题。

7. 新建"仅标题"版式幻灯片，标题为"04 工作规划"。输入文字"最终目标""思考调整""中期完成目标""初期完成目标"，将其转化为"棱锥型列表"SmartArt 图形，高度 12 厘米，宽度 14 厘米，棱锥型设置渐变填充。

8. 修改最后一张幻灯片，将"米申"修改为自己的姓名，将电话号码和电子邮件改为自己的，删除右侧图片，插入"七星湖.jpg"。

9. 观看放映演示文稿，以"个人应聘介绍 1.pptx"为文件名保存在桌面上。

➢ 任务实施

1. 利用模板创建演示文稿，熟悉软件界面

（1）单击"开始"→"PowerPoint 2016"，或双击桌面上已经建立的快捷方式图标，启动 PowerPoint 应用程序。单击"新建"，在"搜索栏"输入"有趣的假期"，出现相关模板，如图 4-1 所示。

图 4-1　搜索"有趣的假期"模板

（2）单击"有趣的假期"演示文稿模板→"创建"，快速创建带有样式和内容的演示文稿，界面如图 4-2 所示。

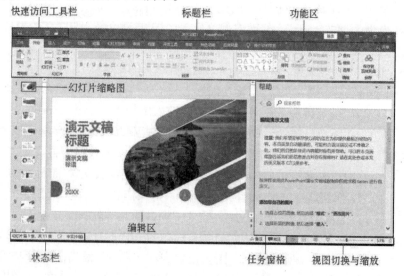

图 4-2　使用模板创建的新演示文稿

> 🖽　PowerPoint 中模板与主题有什么区别?
> ◆　使用模板可以创建具有特定格式和内容的演示文稿,使用者只需要修改相关内容,即可快速制作出各种专业的演示文稿。使用主题创建的演示文稿具有特定的版面、格式、颜色搭配等,但无内容,使用者可以根据需要添加该主题不同版式的幻灯片。

2. 筛选新演示文稿中的幻灯片

根据"个人应聘介绍"演示文稿内容需要,保留由模板创建的新演示文稿中的前 3 张和第 10 张幻灯片,删除其他幻灯片。

3. 修改标题幻灯片内容

(1)选择第 1 张"演示文稿标题"幻灯片,修改主标题为"个人应聘介绍",副标题为自己的名字。

(2)选择下方日期文字,单击"插入"→"日期和时间",在"日期和时间"对话框中选择"年月日"格式,勾选"自动更新",如图 4-3 所示,单击"确定"按钮插入自动更新的日期。

(3)删除右侧图片,单击"单击图标添加图片",选择素材中的"创造广场.png"图片插入,第 1 张幻灯片修改后的效果如图 4-4 所示。

图 4-3　"日期和时间"对话框　　　　图 4-4　标题幻灯片效果

4. 重用其他模板幻灯片

(1)单击"开始"→"新建幻灯片"→"重用幻灯片",在右侧出现的"重用幻灯片"任务窗格中,单击"浏览"打开素材"项目四\任务 1\述职报告.pptx"模板,单击"幻灯片 2",则将此幻灯片插入当前演示文稿中。

(2)选中背景中的蓝色矩形,右击,在快捷菜单中选择"设置形状格式",在右侧出现的"设置形状格式"任务窗格中选择"填充"→"图片或纹理填充",单击"插入"按钮,在打开的对话框中选择"从文件",插入素材中的"七星桥.jpg"图片。

(3)选择中间的白色矩形,在右侧"设置形状格式"任务窗格中设置"透明度"为 8%,如图 4-5 所示。

(4)选中幻灯片中的 logo 图片所在圆角矩形,在右侧的任务窗格中插入素材中的"创造 1.jpg"图片,取消下方"与形状一起旋转"的勾选,如图 4-6 所示。

图 4-5　"设置形状格式"任务窗格

图 4-6　"设置图片格式"任务窗格

（5）右侧目录修改为"01 自我介绍""02 在校表现""03 胜任能力""04 工作规划"，去掉幻灯片中的多余内容。第 2 张幻灯片修改后的效果如图 4-7 所示。

4-1-1
重用幻灯片

图 4-7　第 2 张幻灯片修改后效果

5. 修改模板幻灯片

（1）拖动左侧第 3 张"分隔幻灯片"与第 4 张"文本版式 01"幻灯片交换位置，选择"文本版式 01"幻灯片，修改标题文字为"01 自我介绍"。

（2）删除左侧图片和图片框，单击"插入"→"图片"→"此设备"，选择素材中的"一寸照片.jpg"图片，单击"图片工具/格式"→"裁剪"→"裁剪为形状"，选择"椭圆形"，修改图片高度为 12 厘米，背景设置透明色，调整至合适位置。

（3）删除右下方英文文字及文本框，单击"插入"→"表格"，选择 2 列 6 行的表格插入，修改表格为高度 9 厘米、宽度 15 厘米，输入图 4-8 中所示的表格内容，将表格调整至右下方，删除幻灯片中的多余内容。

（4）选择第 4 张"分隔幻灯片"，修改标题文字为"02 在校表现"，副标题为"教育经历　|　工作实践　|　荣誉奖励　|　个人作品"，字号 24 磅，将其移至幻灯片下方合适位置。

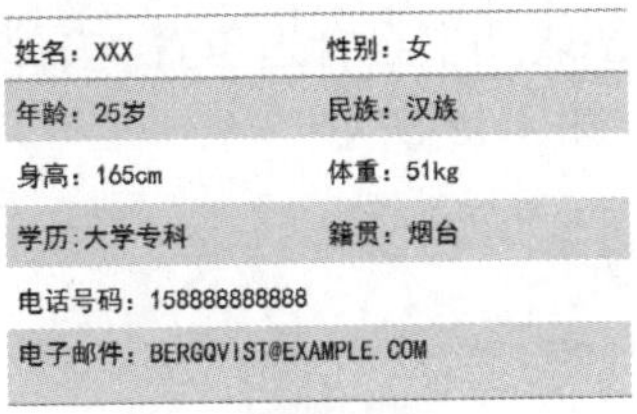

姓名：XXX	性别：女
年龄：25岁	民族：汉族
身高：165cm	体重：51kg
学历：大学专科	籍贯：烟台
电话号码：15888888888	
电子邮件：BERGQVIST@EXAMPLE.COM	

图 4-8　表格内容

（5）删除幻灯片中的图片，单击"单击图标添加图片"占位符，选择素材中的图片"烟台职业学院.png"插入，第 4 张幻灯片修改后的效果如图 4-9 所示。

图 4-9　"02 在校表现"幻灯片效果

6. 制作插入图表的幻灯片

（1）新建"标题和内容"版式幻灯片，添加标题文字为"03 胜任能力"。单击"插入图表"占位符，在"插入图表"对话框中选择"饼图"→"圆环图"，如图 4-10 所示。在弹出的电子表格中输入图 4-11 中所示数据，关闭弹出窗口。

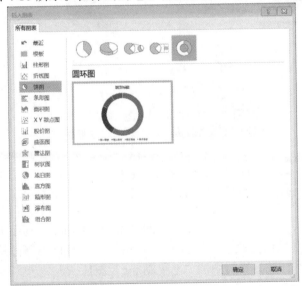

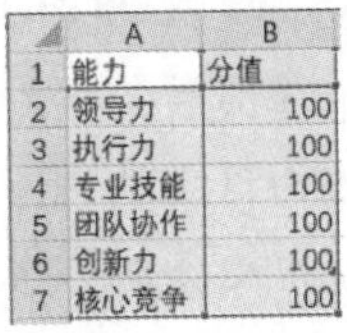

	A	B
1	能力	分值
2	领导力	100
3	执行力	100
4	专业技能	100
5	团队协作	100
6	创新力	100
7	核心竞争	100

图 4-10　"插入图表"对话框　　　　图 4-11　第 5 张幻灯片数据

（2）选中图表，单击"图表工具/设计"→"快速布局"→"布局 5"，删除图表标题，设置图表外框高度为 15 厘米、宽度为 15 厘米，单击"图表工具/格式"→"对齐"→"水平居中"，文字字号为 24 磅，并改为"填充：黑色，文本色 1；阴影"艺术字样式。将图表调整至合适位置，去掉左下角文字"添加页脚"。第 5 张幻灯片的最终效果如图 4-12 所示。

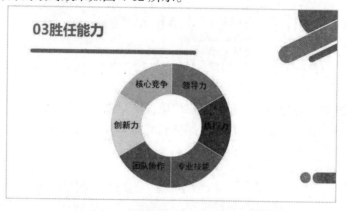

图 4-12 "03 胜任能力"幻灯片效果

7. 制作插入 SmartArt 图形的幻灯片

（1）新建"仅标题"版式幻灯片，添加标题文字为"04 工作规划"。在幻灯片中间空白处，单击"插入"→"文本框"→"绘制横排文本框"，分行输入文字：最终目标、思考调整、中期完成目标、初期完成目标。选中 4 行文字，右击，在快捷菜单中选择"转换为 SmartArt"→"棱锥型列表"。

（2）选中 SmartArt 图形，修改其大小为高度 12 厘米、宽度 14 厘米，调整至合适位置。选择 SmarArtt 图形中的棱锥形，在"设置形状格式"任务窗格中选择"填充"→"渐变填充"，第 6 张幻灯片的最终效果如图 4-13 所示。

图 4-13 "04 工作规划"幻灯片效果

8. 修改感谢页幻灯片

选择最后一张幻灯片，将"米申"修改为自己的姓名，将电话号码和电子邮件修改为自己的，也可添加自己的微信号和 QQ 号等联系方式。删除右侧图片，单击"单击图标添加图片"，选择素材中的"七星湖.jpg"图片插入。

9. 观看放映并保存演示文稿

单击"幻灯片放映"→"从头开始"，观看演示文稿放映效果。单击"文件"→"另存为"→"浏览"→"桌面"，输入文件名"个人应聘介绍 1.pptx"，单击"保存"按钮保存演示文稿。

➢ 拓展训练

1. 将 Word 文件"大学生职业生涯规划.docx"导入 PowerPoint 快速添加幻灯片，使用"环保"主题进行修饰、编辑。

（1）在桌面上新建演示文稿，打开新建的演示文稿。单击"开始"→"新建幻灯片"→"幻灯片（从大纲）"，插入素材"大学生职业生涯规划.docx"，对应插入了 7 张幻灯片。

（2）将第 1 和第 7 张幻灯片版式改为"标题幻灯片"，第 3~第 6 张幻灯片版式改为"仅标题"。

（3）演示文稿使用设计中的"环保"主题，修改主题样式，在图 4-14 所示的"变体"组中设置颜色为"office"，字体为"Arial Black-Arial/微软雅黑/黑体"，背景样式为"样式 1"，将设置应用于所有幻灯片。

图 4-14　"变体"组选项

（4）将第 1 张幻灯片主标题的形状样式设置为"浅色 1 轮廓，彩色填充-蓝色，强调颜色 1"主题样式，副标题为自己的名字和当前日期。

（5）将第 2 张幻灯片改为"两栏内容"版式，在左侧插入图片"创造 2.jpg"，设置为"透视阴影，白色"样式。将 4 行文字转化为"垂直曲线列表"SmartArt 图形并修改样式。第 2 张幻灯片修改后的效果如图 4-15 所示。

（6）选择第 3 张幻灯片，将素材"个人应聘介绍 1.pptx"第 3 张幻灯片中的图片和图表复制粘贴到幻灯片下方，调整其格式、大小和位置。

（7）在第 4 张幻灯片下方插入图片"奋斗.png"，高度 10 厘米、宽度 26 厘米，置于底层。将文字"高级项目经理"剪切单独置于文本框中，修改文字的格式和样式，如图 4-16 所示。

4-1-2
"变体"组
修改

图 4-15　目录幻灯片效果

图 4-16　"02 职业定位"幻灯片效果

（8）在第 5 张幻灯片中插入图片"树形.png"，高度 10 cm，背景设置为透明。在"树形"两侧插入"连接符：肘形箭头"形状和艺术字并修改格式，效果如图 4-17 所示。

（9）将第 6 张幻灯片中的 3 行文字转换为"升序图片重点流程"SmartArt 图形并修改格式，插入图片"山峰.png"修饰，左侧插入图片"城市.png"，效果

笔记

如图 4-18 所示。

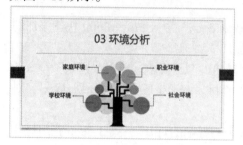

图 4-17　第 5 张"03 环境分析"幻灯片效果　图 4-18　第 6 张"04 职业规划"幻灯片效果

（10）设置最后一张幻灯片主标题的形状样式为"浅色 1 轮廓，彩色填充-蓝色，强调颜色 1"，副标题修改为当前日期。

（11）单击"视图"→"母版视图"→"幻灯片母版"，选择第 1 张"环保幻灯片母版"，单击"插入"→"文本"→"幻灯片编号"，在弹出的"页眉和页脚"对话框中勾选"幻灯片编号"和"标题幻灯片中不显示"，单击"应用"按钮返回母版。修改幻灯片编号对象字号为 20 磅，蓝色，调整至合适位置。

（12）从第一张幻灯片开始观看演示文稿的放映效果，以"大学生职业生涯规划 1.pptx"为文件名保存文件。

2. 用"节"管理幻灯片。

（1）新建"节标题"版式幻灯片作为第 3 张幻灯片，在标题左侧插入"椭圆"形状，高度、宽度均为 3.9 厘米，输入文字"01"并修改格式，输入标题"自我介绍"，设为 60 磅、加粗、蓝色，标题形状填充为"白色"，效果如图 4-19 所示。

图 4-19　"节标题"版式幻灯片效果

（2）复制第 3 张幻灯片并修改标题内容为"02 职业定位"作为第 5 张幻灯片，使用相同方法制作"03 环境分析"和"04 职业规划"节标题幻灯片。

（3）在"幻灯片/大纲"窗格选定第 3 张幻灯片并右击，在快捷菜单中选择"新增节"命令，在弹出的"重命名节"对话框中输入节名称"自我介绍"，单击"重命名"按钮完成节的创建。

（4）用同样的方法为第 5、第 7、第 9 张幻灯片新建节。

（5）右击节标题，在快捷菜单中选择相应的命令，可以完成对节内幻灯片的统一管理。

田 为什么要新增节？

◆ 使用节管理幻灯片可以实现对幻灯片的快速导航，可以对节内的幻灯片进行统一管理，还可以对不同节的幻灯片设置不同的背景、主题等，非常方便。

任务 2 动态展示演示文稿

➢ 任务目的

1. 能够熟练修改幻灯片切换效果。
2. 熟练掌握设置幻灯片对象动画的方法。
3. 能够插入音频及视频文件并进行编辑。
4. 熟练掌握超链接的设置方法。
5. 学会插入动作按钮实现幻灯片交互。
6. 能够使用幻灯片母版统一修改幻灯片。
7. 熟练设置幻灯片的不同放映方式。
8. 学会使用视频形式导出演示文稿。
9. 学会设置演示文稿的修改权限。
10. 提高学生制作 PPT 的水平。

➢ 任务要求

1. 打开素材"项目四\任务 2\个人应聘介绍 1.pptx",设置幻灯片的切换效果。

（1）第 1 张幻灯片为"华丽/切换"切换效果，声音为"风铃"，自动换片时间为 3 秒。

（2）第 2 张幻灯片为"动态内容/窗口"切换效果，自主设置其他幻灯片的切换效果。

2. 设置幻灯片的动画效果。

（1）将第 1 张幻灯片设置为：主标题"个人应聘介绍"为"升起"动画效果；右侧图片为"形状"效果，效果选项为"方向/放大"；副标题"烟台职业学院"和"日期"为"飞入"效果。

（2）将第 2 张幻灯片设置为：左侧"创造"图片为"轮子"效果，"上一动画之后"；右侧文字"01|自我介绍"分 3 部分自左侧、顶部和右侧的"切入"效果，"上一动画之后"；下方 3 行文字与"01|自我介绍"相同的动画效果。自主添加其余幻灯片对象的动画效果。

3. 插入"音频"媒体。选择第 1 张幻灯片，插入素材中的音频文件"Spring.wma"，设置音频的音量为"中等"，"跨幻灯片自动播放""循环播放，直到停止"和"放映时隐藏"。

4. 设置超链接和插入动作按钮。将第 2 张幻灯片中的"自我介绍""在校表现""胜任能力"和"工作规划"设置对应幻灯片的链接；在幻灯片母版中添加"转到主页"动作按钮，将其链接到第 2 张目录幻灯片，并在第 1 张和最后一张幻灯片中隐藏此按钮。

5. 设置演示文稿的放映方式。使用"排练计时"预估演示文稿的放映时长，

笔记

设置演示文稿的放映方式为"演讲者放映"，以"个人应聘介绍 2.pptx"为文件名保存文件。

➤ 任务实施

1. 设置幻灯片的切换效果

（1）打开素材文件"项目四\任务 2\个人应聘介绍 1.pptx"，选择第 1 张幻灯片，单击"切换"→"华丽/切换"，在"计时"功能组中设置声音为"风铃"，自动换片时间为 3 秒，如图 4-20 所示。

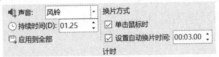

图 4-20 "计时"组设置

（2）为第 2 张幻灯片设置"动态内容/窗口"切换效果，自主设置其他幻灯片的切换效果。

2. 设置幻灯片对象的动画效果

（1）选择第 1 张幻灯片，选中主标题"个人应聘介绍"，单击"动画"→"更多进入效果"，在图 4-21 所示"更多进入效果"对话框中选择"温和/升起"动画效果；设置右侧图片为"形状"动画效果，效果选项为"方向/放大"，分别设置副标题"烟台职业学院"和下方日期为"飞入"动画效果。

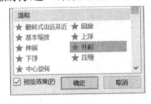

图 4-21 "温和/升起"动画效果

图 4-22 动画刷和"计时"组

（2）选择第 2 张幻灯片，设置左侧"创造"图片为"轮子"动画效果，在"计时"组中设置"开始"为"上一动画之后"；右侧文字"01"为"切入"动画效果，效果选项为"自左侧"，"上一动画之后"；设置"|"为"切入""自顶部""上一动画之后"；"自我介绍"为"切入""自右侧""上一动画之后"。使用动画刷设置下方 3 行文字与"01|自我介绍"相同的动画效果。动画刷和"计时"组如图 4-22 所示。

（3）继续选择其余幻灯片的对象，自主添加动画效果。注意，可以为一个对象添加多个动画效果。

3. 插入"音频"媒体

（1）选择第 1 张幻灯片，单击"插入"→"媒体"→"音频"→"PC 上的音频"，在"插入音频"对话框中选择素材中的音频文件"Spring.wma"，单击"插入"按钮，幻灯片上出现一个喇叭图标，功能区增加"音频工具"选项卡。

（2）单击"音频工具/播放"选项卡，在"音频选项"组中设置音量为"中等"，在"开始"下拉列表中选择"自动"，勾选"跨幻灯片播放""循环播放，直到停止"和"放映时隐藏",如图 4-23 所示。

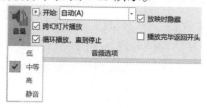

图 4-23 设置音频

（3）单击"幻灯片放映"→"从当前幻灯片开始"，观看幻灯片加入音频后的放映效果。

4. 设置超链接和插入按钮实现幻灯片交互

（1）选择第 2 张幻灯片，选中文字"自我介绍"，单击"插入"→"链接"→"链接"，在"插入超链接"对话框中，选择左侧的"本文档中的位置"，在列表框中选择"3.01 自我介绍"，如图 4-24 所示，单击"确定"按钮。使用相同的方法为"在校表现""胜任能力"和"工作规划"文本建立链接，使之链接到相应标题的幻灯片。

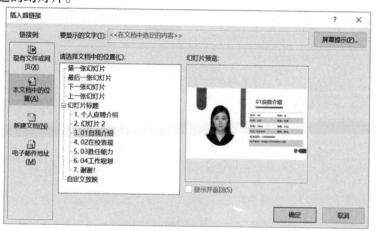

图 4-24 "插入超链接"对话框

（2）切换到幻灯片母版视图，选择第 1 张幻灯片母版，单击"插入"→"插图"→"形状"，在出现的下拉列表中选择"动作按钮：转到主页"按钮，在幻灯片左下角按住鼠标拖曳出该按钮的形状，在出现的"操作设置"对话框中选择"超链接到"→"幻灯片..."→"幻灯片 2"。选中按钮，单击"绘图工具/格式"→"形状效果"→"棱台"→"十字形"。选择第 2 张"包含图像的标题幻灯片"和第 11 张"感谢页幻灯片"，在"背景"组勾选"隐藏背景图形"，则这两类版式的幻灯片将隐藏此按钮。

（3）关闭母版视图，切换到普通视图。

> 如何更改文字的超链接颜色？
> ◆ 单击"设计"选项卡，在"变体"组下拉列表中单击"颜色"→"自定义颜色"，打开"新建主题颜色"对话框，在"超链接"和"已访问的超链接"右侧的颜色列表中选择适当的颜色完成修改。

4-2-1
插入动作按钮

笔记

笔记

5. 设置演示文稿的放映方式

（1）单击"幻灯片放映"→"设置"→"排练计时"，系统会弹出"录制"对话框并自动记录幻灯片的切换时间，如图 4-25 所示。结束放映时或单击"录制"工具栏中的"关闭"按钮，系统将弹出"排练时间"提示框，单击"是"按钮即可保存排练计时。

图 4-25　　"录制"对话框

（2）单击"幻灯片放映"→"设置"→"设置幻灯片放映"，在出现的"设置放映方式"对话框中设置放映类型为"演讲者放映"，绘图笔颜色为红色，如图 4-26 所示，单击"确定"按钮。

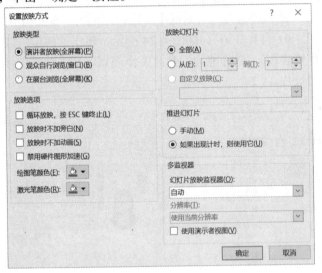

图 4-26　　"设置放映方式"对话框

（3）单击"幻灯片放映"→"开始放映幻灯片"→"从头开始"，观看幻灯片的放映效果。单击状态栏的"幻灯片放映"按钮，则将从当前幻灯片开始播放。

（4）单击"文件"→"另存为"→"这台电脑"→"桌面"，输入文件名"个人应聘介绍 2.pptx"，单击"保存"按钮保存演示文稿。

田　在幻灯片放映时如何画线标注？

◆　在幻灯片放映过程中，单击鼠标右键，在快捷菜单中指向"指针选项"，会出现其级联菜单，有"激光笔""笔""荧光笔""墨迹颜色""橡皮擦"等多个命令选项，使用者在演示过程中可根据需要对某些内容作标注。"墨迹颜色"用于设置绘图笔的颜色，"橡皮擦"和"擦除幻灯片上的所有墨迹"用于擦除墨迹，结束放映时系统会弹出"是否保留墨迹注释"提示框，选择是否保留墨迹注释。

➢ **拓展训练**

打开素材文件"项目四/任务 2/大学生职业生涯规划 1.pptx"，设置幻灯片的切换效果、动画效果，插入视频并编辑。

（1）设置第 1 张幻灯片为"门"切换效果，自动换片时间为"3 秒"，第 2 张幻灯片为"推入"效果，其他幻灯片的切换效果自主设置。

（2）设置第 1 张幻灯片的主标题为"缩放"动画效果，副标题为"浮入"效果，分析幻灯片中的对象内容，为其余幻灯片添加合适的动画效果。

（3）插入视频文件并编辑。

① 在第 10 张幻灯片后新建一张空白版式幻灯片，单击"插入"→"视频"→"PC 上的视频"，选择视频文件"烟台职业学院.mp4"插入，设置视频高度为 15.6 厘米，宽度为 30.4 厘米，视频样式为"简单框架，白色"，将视频调整至中间位置。

② 单击"视频/播放"→"剪裁视频"，打开"剪裁视频"对话框，设置结束时间为"13 秒"，如图 4-27 所示，在"视频选项"组中设置开始方式为"自动"，勾选"播放完毕返回开头"。

图 4-27 "剪裁视频"对话框

（4）以视频形式导出演示文稿。单击"文件"→"导出"→"创建视频"→"创建视频"，以"大学生职业生涯规划 2.mp4"为名称保存到桌面上。

（5）设置演示文稿的修改权限。演示文稿设置修改权限后，无密码者只能以"只读"方式观看。单击"文件"→"另存为"→"浏览"→"桌面"，命名为"大学生职业生涯规划 2.pptx"，在"另存为"对话框下方单击"工具"→"常规选项"，在"常规选项"对话框中输入"修改权限密码"为"666666"，勾选"保存时自动删除在该文件中创建的个人信息"，如图 4-28 所示，单击"确定"按钮。

笔记

4-2-2
编辑视频文件

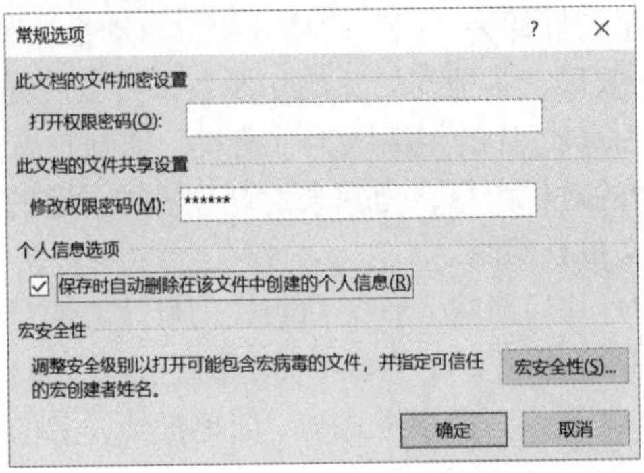

图 4-28　"常规选项"对话框

项目总结

　　通过实施使用 PowerPoint 2016 进行演示文稿的创建与编辑和动态展示演示文稿的工作任务，掌握 PowerPoint 演示文稿的基本操作和内容设置，学会使用模板和主题快速创建、修饰演示文稿，能够熟练插入不同版式的幻灯片并进行编辑，能够插入文本框、图片、图形、音频和视频等对象并编辑，熟练掌握幻灯片切换效果和幻灯片对象动画效果，灵活运用超链接和插入动作按钮实现幻灯片之间的交互，增强学生解决问题和综合运用知识的能力，学会对作品进行审美及评价，提高学生学习计算机的兴趣和制作 PPT 的水平。

项目五 网络与人工智能应用体验

项目介绍

1. 项目情景

随着通信技术的发展，各类网络应用丰富了我们的生活。网上购物、网上申报信息、网上办公等深入千家万户，可以说，吃喝玩乐、休闲工作都可以通过网络完成。因此，学会使用网络相关小程序，可以帮助你轻松办公，完成常用网络操作。另外，学会使用 Python 进行可视化数据分析，可以实现人工智能机遇认知，建立编程思维，为你的智能办公助一臂之力。

本项目通过制作网页、处理照片、制作二维码、录制和编辑视频、体验 Python 在数据可视化中的应用、自己动手开发简单的人工智能应用等具体任务，培养学生掌握多项网络实用操作，感知人工智能的开发过程，感受人工智能在当前和未来带来的变化。

2. 项目应用

本项目通过学习网络常用操作，掌握网页制作常用知识，了解处理照片、生成二维码、录制小视频及编辑小视频的常用操作，通过设计的项目实施，力求解决以下实用问题：

（1）通过网页制作工具和 HTML 语言，编辑网页信息，完成对象输入、网页布局及美化等操作。

（2）现在各种考试都需要网上报名，而填报信息过程中对照片都会有一些要求，因此需要使用常用工具对照片进行处理。

（3）生活中个人名片、企业名片推送，网址跳转，音/视频、产品的推送及手机支付都离不开二维码的使用，因此，需要根据需求建立自己的二维码。

（4）网络视频录制、截取，计算机操作流程录制等视频制作。

（5）体验 Python 程序设计语言易于理解、易于学习、实用性强等特点，进而提高自己的编程兴趣，进一步学习 Python 在人工智能方面的应用。

（6）自己动手，开发简单的人工智能应用，体会人工智能的发展过程以及人工智能对我们日常生活和工作的影响，借此揭开人工智能的神秘面纱。

笔记

项目实施

任务 1　用 Dreamweaver CS5 制作网页

➢ 任务目的

1. 熟练掌握用 Dreamweaver CS5 制作、编辑网页的基本操作。

2. 学习了解 HTML 超文本标记语言中相关属性和标记的使用。

➢ 任务要求

1. 启动 Dreamweaver CS5 应用程序，熟悉软件界面及拆分视图窗口，初识 HTML 文件结构。

2. 打开素材"项目五\任务 1\index.html"，在第 4 行的空单元格内插入水平线，设置水平线属性：宽度为 100%，高度为 10 像素，颜色为"#003366"。查看水平线标记代码。

3. 在图片"报名入口"的下方插入 4 行 1 列、宽度为 280 像素、间距为 10 的表格，并设置 4 个单元格宽度为 280 像素、高度为 100 像素。查看表格的相关标记及属性代码。

4. 在新插入的 4 行 1 列表格中分别插入名称为"1.jpg""2.jpg""3.jpg""4.jpg"的图片。查看图像标记及属性代码。

5. 在动画下面的空单元格内输入效果图 5-19 所示的文本，并用段落标记属性定义对齐方式为居中；用字体标记属性定义文本字体为楷体、大小为 4、颜色为"#03f"。掌握段落标记、换行标记、字体标记、加粗标记、倾斜标记的设置。

6. 为"招聘办法"建立超级链接，并设置在新窗口中打开。

7. 为"联系我们"建立电子邮件链接。

8. 在表格下方插入日期与时间。

9. 在页首建立锚，在日期与时间下方输入文字"返回页首"，为"返回页首"建立锚（书签）链接。

10. 设置网页标题为"烟职招聘网"，页面背景色为"#cccccc"。

11. 保存网页文件并在浏览器中预览。

➢ 任务实施

1. 启动程序并熟悉软件界面

双击桌面上的 Dreamweaver CS5 快捷方式图标，或者单击"开始"→"Adobe Dreamweaver CS5"，启动 Dreamweaver CS5 应用程序。点击"拆分"视图，观察拆分窗口。左边是代码窗口，右边是设计窗口（所见即所得的方式下显示网页文档），如图 5-1 所示。

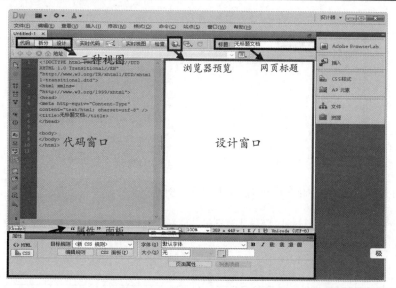

图 5-1　Dreamweaver CS5 主界面

> **你了解 HTML 超文本标记语言和 Dreamweaver 的三种视图方式吗？**
>
> ◆ HTML 的全称为 Hyper Text Markup Language，即超文本标记语言，是一种页面描述的标记语言而非编程语言，其原理是通过各种标记来描述文字、图像、表格等在浏览器中的显示效果，当用户使用浏览器打开网页时，将根据其 HTML 标记来显示网页的内容。
>
> ◆ 当新建一个网页时，默认情况下都会以"htm"或"html"为后缀来保存，这就是标准的 HTML 文档，其源代码是 HTML 代码的集合。
>
> ◆ Dreamweaver 提供三种视图方式，使用户可以方便地在代码和编辑状态之间转换，这三种视图方式分别为设计视图、代码视图和拆分视图。

> **你了解 HTML 文件的结构吗？**
>
> ◆ 一个 HTML 文件由两大部分组成，即文件头部分和文件主体部分，文件主体部分是在 Web 浏览器窗口中显示的内容，而文件头部分则用来规定该文档的标题和文档的一些属性。
>
> ◆ <html>…</html>：网页的开始、结束标记。
>
> ◆ <head>…</head>：网页的文档开头部分，包含网页的重要信息，这些信息在浏览器中不显示。
>
> ◆ <body>…</body>：网页的可见部分，设计视图中看到的所有元素都包含在这对标记中。

2. 插入水平线

（1）单击"文件"→"打开"，选择"项目五\任务 1\index.html"。

（2）将光标定位在第 4 行的空单元格内，单击"插入"→"HTML"→"水平线"，插入一条水平线。在"属性"面板中，设置水平线宽 100%，高 10 像素。

（3）选中水平线并右击，在快捷菜单中选择"编辑标签"命令，弹出"标签编辑器-hr"对话框，如图 5-2 所示。单击列表中的"浏览器特定的"选项，将颜色设置为"#003366"，单击"确定"按钮。

图 5-2 "标签编辑器-hr"对话框

相关的设置在代码窗口的显示如图 5-3 所示。

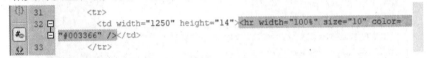

图 5-3 水平线标记及属性代码

> 你了解 HTML 标记语言的格式吗？
> ◆ HTML 标记用来描述页面中的内容，大多成对出现，格式为：<标记 属性>受标记影响的内容</标记>。例如：段落标记，<p align="center">联系我们</p>，定义段落文本"联系我们"为居中对齐。
> ◆ 有的标记不成对出现，也没有属性，比如换行标记
。

说明：水平线标记格式为<hr 属性 1 属性 2 属性 3>，没有结束标记。

3. 用表格布局页面

将光标定位在图片"报名入口"的下方，单击"插入"→"表格"，弹出"表格"对话框，插入一个 4 行 1 列、宽度为 280 像素、间距为 10 的表格。选中 4 个单元格，在表格"属性"面板中设置表格单元格宽度为 280 像素、高度为 100 像素。代码窗口显示的代码如图 5-4 所示。

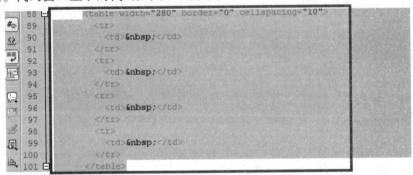

图 5-4 4 行 1 列表格的标记及属性代码

定义表格的相关标记如下：

<table>…</table>	定义表格区域
<tr>…</tr>	定义表格行
<td>…</td>	定义表格单元格

用来定义表格或单元格标记的属性有：

width：表格或单元格宽度；

height：表格或单元格高度；

border：表格边框线粗细；

cellspacing：单元格间距。

4. 插入图片

将光标定位在刚插入的 4 行 1 列表格的第 1 个单元格内，单击"插入"→"图像"，在弹出的"选择图像源文件"对话框中选择素材中的图片"1.jpg"，单击"确定"按钮。在"属性"面板中设置图像宽 280 像素、高 100 像素。相关的设置在代码窗口的显示如图 5-5 所示。仿照上述操作，在第 2~第 4 单元格内插入素材中的图片"2.jpg""3.jpg""4.jpg"。

图 5-5　图像标记及属性代码

图像的标记为<img>。图像标记的属性有：

src：图像文件源；

width：图像宽度；

height：图像高度。

5. 设置段落和文本格式

（1）设置段落格式。在设计窗口将光标定位在动画下面的空单元格内，输入文本"联系我们"并回车。将光标定位在代码窗口段落开始标记"p"后面并键入空格，则弹出段落标记属性选择列表，双击选择"align"属性，设置段落对齐方式为"center"，如图 5-6 所示。光标定位于右侧设计窗口观察效果。

段落标记为<p>…</p>，其对齐方式属性为 align。

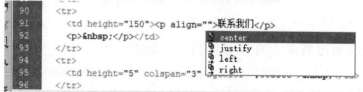

图 5-6　对齐方式的选择列表

（2）设置文本格式。

① 将光标定位在左侧代码窗口的文字"联系我们"的左侧，输入"<"，在弹出的标记选择列表中双击选择"<font>"标记，单击空格键，在弹出的属性选择列表中双击"face"属性，输入"="，弹出字体选择列表，如图 5-7 所示。

② 在列表中选择"编辑字体列表"，弹出"编辑字体列表"对话框，如图 5-8 所示。在"可用字体"中选择"楷体"，单击中间的命令按钮，单击"确定"按钮，则在"选择的字体"列表中增加了"楷体"。

③ 设置文字大小属性 size="4"、颜色属性 color="03f"，并在文字"联系我们"右侧输入结束标记</font>，光标定位于右侧设计窗口观察效果。在右侧设

5-1-1
设置字体

计窗口，选中文本"联系我们"，单击"格式"→"样式"→"粗体"，再次单击"格式"→"样式"→"斜体"，将文本"联系我们"设置为加粗、倾斜。

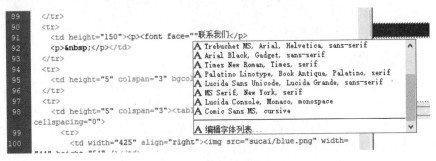

图 5-7　字体选择列表

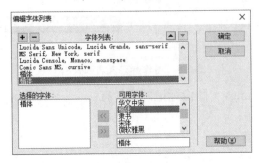

图 5-8　"编辑字体列表"对话框

（3）继续输入图 5-9 所示的文本（换行时按 Shift+Enter 键），观察左侧代码窗口的换行标记
。在左侧代码窗口用相关标记定义本段落文字居中对齐，字体为楷体、大小为 4、颜色为"#03f"。

图 5-9　输入的文本

6. 建立文本超链接，并设置在新窗口打开

在设计窗口选中文字"招聘办法"，单击"插入"→"超级链接"，弹出"超级链接"对话框，如图 5-10 所示。单击"链接"下拉列表框后面的浏览命令按钮，在弹出的对话框中选择素材文件夹下的"招聘办法.htm"，在"目标"下拉列表中选择"_blank"，单击"确定"按钮。

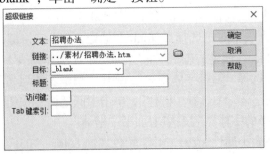

图 5-10　"超级链接"对话框

5-1-2
设置超级链接

相关的设置在代码窗口的显示如图 5-11 所示。

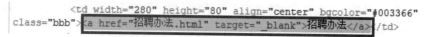

图 5-11 超级链接标记及属性代码

在超级链接中，目标设置有什么作用？
◆ _blank：在新窗口中打开被链接的文档（可打开多个相同窗口）。
◆ _new：在新窗口中打开被链接的文档（只打开一个窗口）。
◆ _self：默认选项。在相同的框架中打开被链接的文档。
◆ _parent：在父框架集中打开被链接的文档。
◆ _top：在整个窗口中打开被链接的文档。

7. 建立电子邮件链接

在设计窗口选中文字"联系我们"，单击"插入"→"电子邮件链接"，弹出"电子邮件链接"对话框，如图 5-12 所示，在"电子邮件"文本框中输入邮箱地址"teacher@126.com"，单击"确定"按钮。

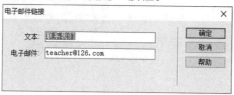

图 5-12 "电子邮件链接"对话框

相关的设置在代码窗口的显示如图 5-13 所示。

图 5-13 电子邮件链接代码

8. 插入时间与日期

将光标定位在表格下方，单击"插入"→"日期"，弹出"插入日期"对话框，如图 5-14 所示。选择日期格式和时间格式，然后单击"确定"按钮。

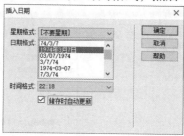

图 5-14 "插入日期"对话框

9. 建立锚（书签）链接

在设计窗口中，将光标定位在文字"校园招聘网"后面，单击"插入"→"命名锚记"，弹出"命名锚记"对话框，在"锚记名称"文本框中输入"yeshou"。

笔记

在日期与时间下方输入文字"返回页首"，选中文字"返回页首"，单击"插入"
→"超级链接"，弹出"超级链接"对话框，在"链接"文本框中输入"#yeshou"，
单击"确定"按钮。

相关的设置在代码窗口的显示如图 5-15 所示。

图 5-15　锚链接代码

10. 设置网页标题和页面背景颜色

在设计窗口单击网页空白处，在"属性"面板中单击"页面属性"，弹出"页
面属性"对话框，如图 5-16 所示。在"标题/编码"选项卡中将"标题"设置为
"烟职招聘网"，单击"确定"按钮。

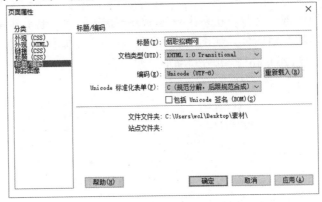

图 5-16　"页面属性"对话框

相关的设置在代码窗口的显示如图 5-17 所示。

图 5-17　网页标题标记代码

将光标定位在左侧代码窗口的"body"标记后，键入空格键，弹出属性选择
列表，如图 5-18 所示，在列表中双击"bgcolor"属性，设置背景颜色为"#cccccc"，
然后单击右侧设计窗口任意位置，观察效果。

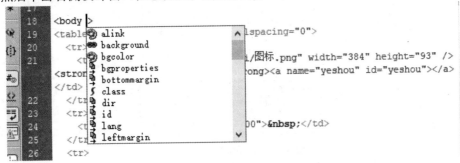

图 5-18　<body>标记的属性选择列表

11. 保存网页文件并在浏览器中预览

（1）单击"文件"→"保存"，保存文件。

（2）单击"文件"→"在浏览器中预览"→"IExplore"，浏览该网页。也可以直接单击"在浏览器中预览/调试"命令按钮 🛠️ ，选择"预览在 IExplore"，浏览该网页。最终效果如图 5-19 所示。

图 5-19　index.html 完成效果图

任务 2　处理网上报名需要的照片

> **任务目的**

能够熟练运用"画图"程序处理网上报名需要的照片。

> **任务要求**

打开素材文件"项目五\任务 2\证件照.jpg"，将图片处理为 102×126 像素、JPG 格式，存储为"电子照片.jpg"，使其符合网上报名上传照片的要求。

> **任务实施**

1. 启动"画图"程序

启动"画图"程序，打开素材文件"项目五\任务 2\证件照.jpg"，进入图 5-20 所示的应用程序窗口。

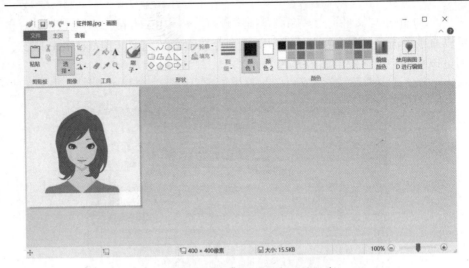

图 5-20　"画图"程序中打开的照片

2. 裁剪图片

（1）单击"主页"→"图像"→"选择"命令 ，选择图片中符合要求的头像部分。

（2）单击"主页"→"图像"→"裁剪"命令 ，截取图片中的合适部分作为证件照使用，裁剪后的图像如图 5-21 所示。

图 5-21　裁剪后的图片效果

（3）单击"主页"→"图像"→"重新调整大小"命令 ，弹出"调整大小和扭曲"对话框，如图 5-22 所示，在"重新调整大小"栏中，选中"像素"，取消"保持纵横比"的勾选，在"水平"文本框中输入"102"，在"垂直"文本框中输入"126"，最后单击"确定"按钮。

图 5-22　"调整大小和扭曲"对话框

3. 保存文件

单击"文件"→"另存为"→"JPEG"，在"保存为"对话框中设置处理后的照片名为"电子照片.jpg"。

任务3　制作名片二维码

笔记

> ## 任务目的

熟练掌握二维码的制作及使用。

> ## 任务要求

制作名片二维码。

> ## 任务实施

1. 选择二维码生成器并注册

（1）在百度的搜索框中输入"二维码"，单击"百度一下"，搜索结果如图5-23所示。

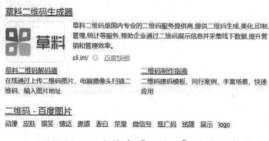

图 5-23　百度搜索"二维码"的结果截图

（2）单击图 5-23 中的"草料二维码生成器"，其界面如图 5-24 所示，单击右上角的"免费注册"命令，在弹出的表单中注册新用户。

图 5-24　草料二维码生成器主窗口

2. 制作名片二维码

（1）单击"首页"，选择"名片"，在图 5-25 所示的窗口内输入姓名、手机号等个人信息。利用"上传"按钮还可以上传个人照片。

图 5-25　个人名片二维码生成器页面

（2）单击"生成二维码"按钮，即生成图 5-26 所示的名片二维码。

图 5-26　在线生成名片二维码

（3）扫描生成的二维码，保存到通讯录就可以认领名片了。认领名片后，可以在微信小程序"草料二维码"中对自己的名片进行管理，如图 5-27 所示。

图 5-27　名片管理

任务4 录制工作流程

➤ 任务目的

1. 能够熟练使用 EV 录屏软件。
2. 能够熟练使用 Windows 10 操作系统的视频编辑器进行视频编辑。

➤ 任务要求

1. 安装 EV 录屏软件。
2. 使用 EV 录屏软件制作计算机展示的工作流程视频。
3. 使用 Windows 10 视频编辑器进行视频编辑。

➤ 任务实施

1. 安装 EV 录屏软件

运行素材文件"项目五\任务 4\EVCapture_4.0.2.exe",安装 EV 录屏软件。

2. 使用 EV 录屏软件

(1)启动 EV 应用程序,进入图 5-28 所示的窗口界面。

图 5-28 EV 录屏软件窗口

(2)单击"选择录制区域"按钮 全屏录制 ,在图 5-29 所示的下拉列表中选择录制区域。

图 5-29　选择录屏范围

（3）单击"选择录制音频"按钮 ，选择录制音频。

（4）单击左下角的"开始"按钮 ，3 秒钟倒计时之后开始本地录制。

（5）录制结束，单击"停止"按钮，将直接打开视频列表。单击刚刚录制的视频右侧的"更多"按钮 ，在图 5-30 所示的命令列表中选择"播放"可以查看视频的录制效果，选择"重命名"命令可以修改文件名，选择"文件位置"可以更改视频的保存位置。

图 5-30　视频录制结束

> 如何快速录制与停止录制？
> ◆　默认使用 Ctrl+F1 组合键开始录制，再次使用 Ctrl+F1 组合键可暂停录制，使用 Ctrl+F2 组合键可停止录制。

3. 编辑视频

（1）单击"开始"→"视频编辑器"，启动 Windows 10 视频编辑器，进入图 5-31 所示的窗口界面。

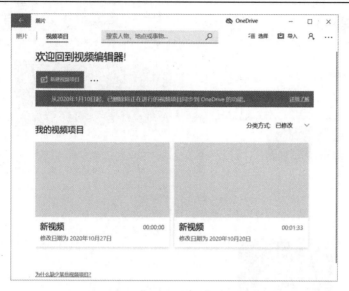

图 5-31　"视频编辑器"窗口界面

（2）单击"新建视频项目"按钮，弹出"为视频命名"对话框，录入新项目的名称"工作过程 1"，单击"确定"按钮，进入图 5-32 所示的视频编辑界面。

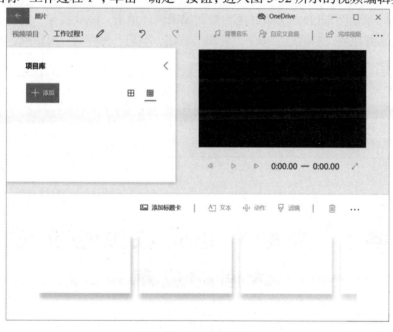

图 5-32　视频编辑界面

（3）单击"项目库"中的"添加"按钮，打开素材中的视频 1，将视频从项目库中拖曳到下面的编辑区中，进入图 5-33 所示的视频编辑状态，其中右上部分为预览区。

图 5-33　视频编辑

（4）使用相同的方法添加视频 2 到编辑区，单击"完成视频"按钮，弹出"完成你的视频"对话框，单击"导出"按钮，弹出"另存为"对话框，选择路径，保存文件。

> 如何对视频进行其他编辑？
>
> ◆　利用编辑区按钮可以实现对视频进行裁剪、拆分，添加文本、动作、3D 效果和滤镜等效果。利用预览区上面的"背景音乐"和"自定义音频"命令可以对视频进行音频设置。

任务 5　体验 Python 在数据可视化方面的应用

> ## 任务目的

体验 Python 程序设计语言易于理解、易于学习、实用性等特点，进而提高自己的编程兴趣，进一步学习 Python 在其他方面特别是人工智能方面的应用。

> ## 任务要求

"违规式过马路"是网友对一些人集体闯红灯现象的一种调侃，即"凑够一撮人就可以走了，与红绿灯无关"。出现这种现象的原因之一是很多人认为法不责众，从而不顾交通法规和安全，也造成了很多不同程度的交通事故。某城市对

笔记

市民的过马路方式进行了随机调查，在所有参与调查的市民中，"从不闯红灯" "跟随别人闯红灯" "带头闯红灯" 的人数见表5-1。

表5-1　市民闯红灯调查表

性别	从不闯红灯	跟随别人闯红灯	带头闯红灯
男性	400	700	50
女性	200	150	300

根据以上内容完成以下操作：

1. 初识 Python。

2. 在 Anaconda Prompt 下输出 "hello world"。

3. 在 Spyder 编辑器环境下，通过 Python 编程根据 "违规式过马路" 方式调查数据绘制三维柱状图。

4. 修改代码中的人数与图表颜色，观察程序执行。

➤ 任务实施

1. Python 介绍

Python 是一种跨平台的计算机程序设计语言，是一个高层次的结合了解释性、编译性、互动性和面向对象的脚本语言。最初被设计用于编写自动化脚本（shell），随着版本的不断更新和语言新功能的添加，越来越多地用于独立的、大型项目的开发。

Python 的应用领域非常广，主要有 Web 和 Internet 开发、科学计算和统计、人工智能、桌面界面开发、软件开发、后端开发、网络爬虫等。它的特点有易于学习、易于阅读、易于维护、有丰富的标准库和第三方库、可移植、可扩展、可嵌入、免费开源等。

目前用于 Python 的开发环境很多，常见的有 IDLE（Python 内置 IDE，随 Python 安装包提供）、Pycharm（由著名的 JetBrains 公司开发，带有一整套可以帮助用户在使用 Python 语言开发时提高其效率的工具）、Anaconda（一个开源的 Python 发行版本，其包含了 conda、Python 等 180 多个科学包及其依赖项）。一般普通语法和语句练习可以用 IDLE，应用开发可以用 Pycharm，教学或者对于编程和计算机环境配置相对比较薄弱的用户可以用 Anaconda。

Anaconda 的主要优势有以下几点：

- 安装比较简单。
- 环境配置相对简单。
- 它最主要的两个编译器（Jupyter notebook 和 Spyder）特别适合展示可视化数据程序的运行效果。
- 集成了大量的第三方库。

如果从官方网站下载 Anaconda 下载速度比较慢，可以通过清华大学的开源软件镜像站下载，网址为：http://mirrors.tuna.tsinghua.edu.cn/anaconda/archive/。

2. 输出 "hello world"

（1）单击 "开始" → "Anaconda3" → "Anaconda Prompt"，打开 "Anaconda

Prompt"窗口。

（2）在窗口中输入"python"后按回车键，启动 Python 主程序。

（3）输入语句"print ('hello world')"后按回车键，则在下一行输出"hello world"，如图 5-34 所示。

```
Anaconda Prompt - python                                    —    □    ×

(base) C:\Users\lenovo>python
Python 3.7.0 (default, Jun 28 2018, 08:04:48) [MSC v.1912 64 bit (AMD64)]
:: Anaconda, Inc. on win32
Type "help", "copyright", "credits" or "license" for more information.
>>> print ('hello world')
hello world
>>>
```

图 5-34   输出"hello world"

> print 表示什么含义？如何应用？
> ◆ print 是格式化输出函数，后面必须跟着英文小括号。
> ◆ 输出字符的时候，括号里面的字符必须用英文的单引号或双引号括起来，例如：print("hello","world")；输出数字的时候不需要引号，例如：print(1)。
> ◆ 可以在括号的参数中设置间隔符，例如：print "www", "baidu", "com", sep="."），输出结果为：www.baidu.com。

3. 通过 Python 编程绘制三维柱状图

Python 扩展库 pandas 是数据分析领域应用非常广泛的工具。首先根据已知数据创建 pandas 的 Dataframe 对象，也就是二维表格结构，然后使用扩展库 matplotlib.pyplot 中的函数创建三维柱状图，并设置坐标轴刻度，最后显示图形。

（1）单击"开始"→"Anaconda3"→"Spyder"，打开 Spyder 编辑器，如图 5-35 所示。

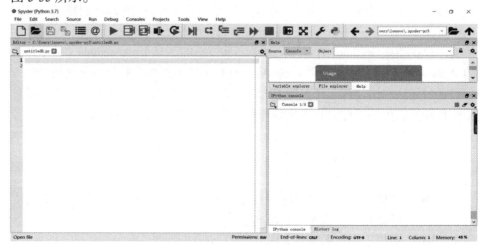

图 5-35   Spyder 编辑器界面

（2）在 Spyder 编辑器左边窗口输入图 5-36 所示的程序代码，注意代码中以#开头的语句是注释语句，语句不执行。（为提高输入效率，同学们可以打开素材文件"项目五\任务 5\代码.txt"，将全部内容复制，然后在 Spyder 编辑器中进行粘贴操作。)

```
1  #导入需要用到的Python库.
2  import pandas as pda              #解决数据分析任务而创建的库.
3  import matplotlib.pyplot as plt  #图形库.
4  import mpl_toolkits.mplot3d       #matplotlib里面专门用来绘制三维图的工具包.
5  #把男性和女性二维表格的数据以Dataframe结构的形式创建出来.
6  df=pda.DataFrame({'男性':(400,700,50),'女性':(200,150,300)})
7  #创建三维坐标轴图
8  ax=plt.subplot(projection='3d')
9  #绘制男性的三维柱状图.
10 #男性的三个数据在x和z轴坐标都为0，在y轴分别为0、1、2.   #柱形图的颜色为红
11 ax.bar3d([0]*3, range(3), [0]*3,0.2,0.2,df['男性'].values,color='r')
12 #绘制女性的三维柱状图.       #柱形图长度和宽度都为0.2,#柱形图高度为男性的表格数据
13 ax.bar3d([1]*3, range(3),[1]*3,0.2,0.2,df['女性'].values,color='b')
14 #设置x坐标轴刻度为0和1.
15 ax.set_xticks([0,1])
16 #设置x轴标签内容为男性和女性.                     #字体格式为黑体.
17 ax.set_xticklabels(['男性','女性'],fontproperties='simhei')
18 #设置y坐标轴刻度为0,1和
19 ax.set_yticks([0,1,2])
20 #设置y轴标签内容
21 ax.set_yticklabels(['从不闯红灯','跟从别人闯红灯','带头闯红灯'],
22                    fontproperties='simhei')
23 #设置z轴标签内容
24 ax.set_zlabel('人数', fontproperties='simhei')
25 #把图形显示出来.
26 plt.show()
27
```

图 5-36 程序代码

（3）单击工具栏上的▶按钮执行程序，三维柱状图创建完成，在右边窗口观察运行结果，如图 5-37 所示。

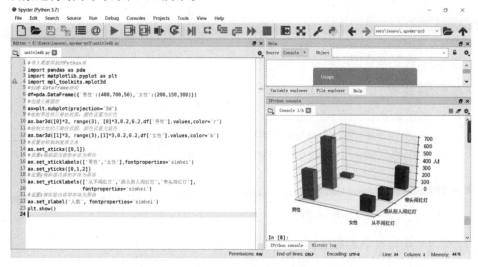

图 5-37 程序运行结果

4. 修改部分代码，观察程序执行

在程序代码中，将"男性"人数改为"（300,200,50）"，三维柱体颜色改为"color='g'"，"女性"人数改为"（700,150,300）"，三维柱体颜色改为"color='y'"，再次执行程序，观察输出结果，如图 5-38 所示。

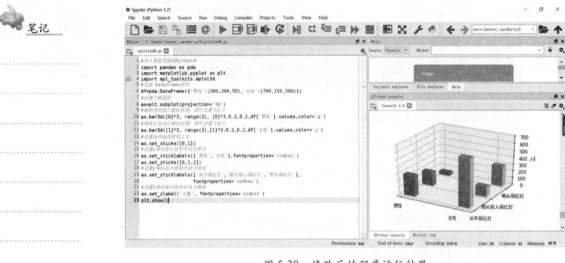

图 5-38　修改后的程序运行结果

任务 6　人工智能介绍与体验

➤ 任务目的

1. 掌握人工智能的基本常识与内容。
2. 体验人工智能在日常工作和生活中的应用。
3. 感知人工智能应用的开发过程，体验机器如何变得智能。
4. 了解智能系统的构造过程。

➤ 任务要求

1. 体验人工智能应用，感知人工智能在当前和未来带来的变化。
2. 开发一个基于规则的专家系统，识别苹果、橘子、柠檬这三种水果。
3. 使用神经网络识别苹果、橘子这两种水果。

➤ 任务实施

1. 人工智能应用体验

（1）体验百度无人驾驶。

无人驾驶是人工智能应用的一个热点方向。智能驾驶是一个相当复杂而且庞大的系统，当前，智能驾驶尚处于试验阶段，受法律、安全等因素约束，真正进入生活还需较长的时间，但这并未降低世界各国的科技工作者对该领域的研究兴趣。智能驾驶未来对人们的日常生活将会产生深远影响。

① 打开百度搜索网站，搜索"百度无人驾驶 demo"，如图 5-39 所示。

图 5-39　搜索界面

② 查看视频 Apollo3.5Demo，画面如图 5-40 所示。

图 5-40　百度阿波罗无人驾驶路测截图

（2）小冰聊天机器人。

聊天机器人是另一个人工智能领域的热门话题，其背后需要相当复杂的人工智能技术支撑。当前，聊天机器人对于语言的理解尚处于非常初级的阶段，要实现真正地与人正常聊天，还需要相当长的时间。小冰聊天机器人曾经是微软公司的产品，经过分拆后，现在完全由中国团队独立营运。

① 打开必应搜索（网址：https://cn.bing.com/），在搜索框输入"召唤小冰"，如图 5-41 所示，可以唤醒小冰。

图 5-41　"召唤小冰"截图　　　　　图 5-42　小冰聊天对话框

② 在侧边栏，可以看见小冰聊天对话框，如图 5-42 所示，此时就可以开始聊天了。

另外，小冰聊天还可以在 QQ、微信等应用程序中唤醒，有兴趣的同学可以查阅相关资料。

（3）从图片中提取文字。

从图片中提取文字是日常办公中常使用的功能。该功能使用人工智能中的图像识别技术，可以将图片中的文字抽取出来。该功能现在集成在 QQ 中，只要运行 QQ，可以随调随用。

笔记

① 运行 QQ，电脑中准备好一张带文字的图片。

② 使用 Ctrl+Alt+O 组合键（可以查阅 QQ 配置中快捷方式），屏幕会出现一个选择框，框选你要提取的文字，如图 5-43 所示。

图 5-43　提取图片文字示例

从图片中提取文字是一个比较成熟的应用，在互联网上能找到许多类似的工具，这是人工智能在图像识别中的典型案例，说明人工智能技术正向各个方向逐步渗透。

2．开发基于规则的水果识别专家系统

本任务借助 Python 开发环境，开发一个基于规则的专家系统，该系统可以识别苹果、橘子、柠檬三种水果。

通常，我们可以通过水果的外部特征来直观地识别一种水果。假设我们只关注水果的三个特征：颜色、表面、形状，如果表面颜色是红色，表面光滑而且形状是圆形，我们认为是苹果；如果颜色是黄色，表面粗糙而且是圆形，我们认为是橘子；如果颜色是黄色，表面粗糙而且是椭圆形，我们认为是柠檬。这样，我们就获得了一组属性与水果的对应关系。我们可以建立一个如下的三个规则的集合：

规则 1：If 水果颜色=红 而且 表面=光滑 而且 形状=圆 Then 苹果

规则 2：If 水果颜色=黄 而且 表面=粗糙 而且 形状=圆 Then 橘子

规则 3：If 水果颜色=黄 而且 表面=粗糙 而且 形状=椭圆 Then 柠檬

这个规则集合比较简陋，甚至并不严密。真正的专家系统的规则集合应该尽可能是严密筛选的，这样可以减少推理过程中的冲突。比如，对上面的规则而言，还可以添加对于一个物体是不是水果的判断。数字化结果为：

#颜色：1 红色，0 黄色

#表面：1 粗糙，0 光滑

#形状：1 圆形，0 椭圆

#规则 1：（红色，光滑，圆形）--->苹果 1

#规则 2：（黄色，粗糙，圆形）--->橘子 0

#规则3：（黄色，粗糙，椭圆）--->柠檬-1

#把规则写成表格

#颜色　　　　　表面　　　　　形状

1	0	1	苹果1
0	1	1	橘子0
0	1	0	柠檬-1

打开Python开发环境，输入图5-44所示代码。

```python
import numpy as np
#将规则写成python的数据结构
data=[[1,0,1,1],[0,1,1,0],[0,1,0,-1]]
info=['输入颜色：1红色，0黄色','输入表面：1粗糙，0光滑','输入形状：1圆，0椭圆']
ndata=np.array(data)
ndata1=[]
#ndata1=pd.DataFrame(data)
i=0
#每一个属性都测试
while i<len(info):
    print(info[i])
    select1=int(input())
    j=0
    rows,cols=ndata.shape
    while (j<rows):
        if(ndata[j,i]==select1):
            ndata1.append(ndata[j])
            print(ndata1)
        j+=1
    ndata=np.array(ndata1)
    if(len(ndata1)==0):
        break
    ndata1.clear()
    i+=1
if(len(ndata)>0):
    print(ndata[0,3])
    if(ndata[0,3]==1):
        print('苹果')
    elif(ndata[0,3]==0):
        print('橘子')
    elif(ndata[0,3]==-1):
        print('柠檬')
    else:print("抱歉，不知道")
else:
    print("抱歉，不知道")
```

图5-44　识别水果程序代码

运行结果如图5-45所示。

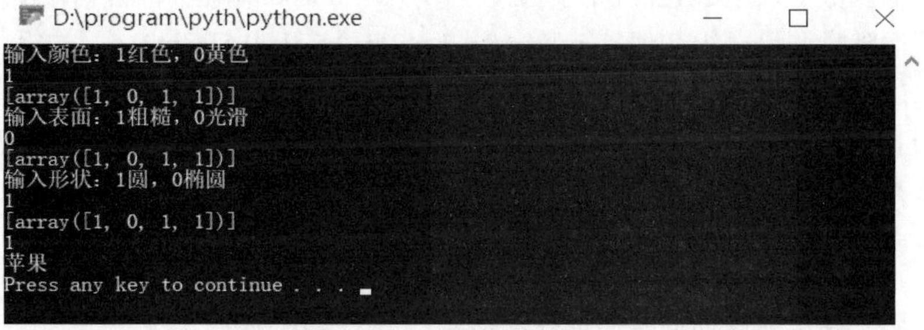

图5-45　识别水果运行结果

虽然该专家系统看上去不是十分专业，但可以想象，如果把规则库扩大到几万甚至更多，该系统能够识别的水果就会多得多，甚至可以超过大多数人类。采用这种方式构建的专家系统，在20世纪80年代取得了辉煌的成绩。

笔记

3. 使用神经网络识别水果

　　计算机科学本质上是模仿人类思维的科学。神经网络模仿了人类大脑活动的生物特征，从而使机器智能看上去更加自然。神经网络一直是人工智能领域中最活跃的分支之一。

　　人的大脑分布了数以百亿计的神经元，这些神经元之间相互连接，构成了一个异常复杂的网络。这其中，有些神经结构是天生具备的，还有一些则是在学习过程中逐步形成的。机器神经网络最简单的结构如图 5-46 所示。

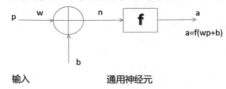

图 5-46　简单的神经网络结构

　　p 通常是一组输入，w 是连接权重，b 是偏置值，f 是传输函数，a 是输出。下面仍然使用上述水果分类的例子，演示如何使用神经网络进行水果分类。

　　为了简单起见，我们只考虑分类苹果和橘子（二分类），仍然使用颜色、表面、外形三个属性，作如下定义：

　　#圆形、光滑、颜色随意[1,1,-1]——苹果　　1
　　#圆形、粗糙、颜色随意[1,-1,-1]——橘子　　-1

　　由于只分类两种水果，采用单神经元结构，神经网络如图 5-47 所示。

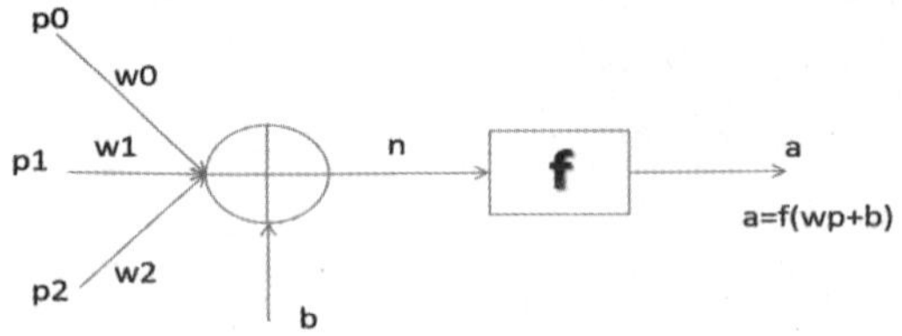

图 5-47　判别水果神经网络

　　p0、p1、p2 代表了输入三个属性值，w0、w1、w2 表示连接到神经元的权重；传输函数 f 采用 hardlims，该函数当输入>=0 时，输出 1，否则输出-1；开始时我们随意假设一组初值，[w]=[w0,w1,w2]=[0.5,-1,-0.5]，b=0.5；这组初值是任意取的，如果改变，不会改变最终结果，但可能会影响收敛时间。

　　当我们输入苹果的属性值 p0=1，p1=1，p2=-1（表示为向量[1,1,-1]）时，期待结果是输出 a=1（表示苹果），计算如下（T 表示矩阵转置）：

　　　　$a=\text{hardlims}(wp+b)=\text{hardlims}([0.5,-1,-0.5][1,1,-1]^T+0.5)=\text{hardlims}(0.5)=1$

　　　　　　　　　　　　　　　　　　　　　　　　　　　　　　（正确）

　　当输入橘子的属性值时，期待的值为 a=-1，计算如下：

　　　　$a=\text{hardlims}(wp+b)=\text{hardlims}([0.5,-1,-0.5][1,-1,-1]^T+0.5)=\text{hardlims}(2.5)=1$

　　　　　　　　　　　　　　　　　　　　　　　　　　　　　　（错误）

　　因此，该网络当前还不能正确分类这两种水果。接下来我们需要利用误差值调整[w]。当输入苹果属性时，由于正确分类，故误差 e=1-a=0，[w]不调整；

当输入橘子的属性时，误差值为 e=-1-a=-2，我们可以根据 e 的值改变[w]，直到能够正确分类苹果和橘子。

使用 Python 开发环境，用程序来实现这个训练过程。在 Python 代码窗口输入以下代码，如图 5-48 所示。

```python
import numpy as np
#将规则写成python的数据结构
p1=np.array([1,1,-1]).T        #苹果的输入
p2=np.array([1,-1,-1]).T       #橘子的输入，T表示矩阵转置
result1=1        #p1的结论是苹果
result2=-1       #p2的结论是橘子
w=np.array([0.5,-1,-0.5])      #连接到神经元的权重
b=0.5            #触发初始值，偏置值
#使用hardlims函数，该函数输入>=0，输出1，<0时，输出-1
def hardlims(n):
    if(n>=0):
        return 1
    else:
        return -1
flag1=True
flag2=True
i=0
j=0
while flag1 or flag2:
    a=hardlims((w*p2+b)[1])
    e=result2-a
    b=b+e
    if e==0:
        flag1=False
    w=w+e*p2.T
    j+=1
    print('迭代次数',j)
    print(w)
    b=b+e
    a=hardlims((w*p1+b)[1])
    e=result1-a
    if e==0:
        flag2=False
    j+=1
    print('迭代次数',j)
    w=w+e*p1.T
    print(w)
    b=b+e
    i+=1
    if(i>=10):
        break
print('最后的权重值')
print(w)
```

图 5-48　分类两种水果程序代码

运行结果如图 5-49 所示。

图 5-49　分类两种水果运行结果

该神经网络经过 4 次迭代，最终[w0,w1,w2]=[0.5,3,-0.5]时，可以准确按照输入分类苹果和橘子。需要注意的是，[w]值不是唯一的，事实上，无数[w]都可以对该项目进行正确分类。

这个示例仅仅是一个单神经元的例子，人脑的神经元数量和连接远比机器模拟的复杂，所以人类可以进行非常复杂的思维。当前世界上最复杂的机器神

笔记

经网络的神经元数量达到了十亿级，它可以进行异常复杂的学习任务，但即使这样，它的综合学习能力仍然不及人类的十分之一（在某一方面可能超过人类），机器要想超过人类的思维，还需要对脑科学的进一步研究，从更深层次揭开人类大脑的秘密。

说明：虽然都是分类水果，但基于规则的专家系统和神经网络的工作方式大不一样。基于规则的专家系统使用了人类的先验知识作为依据，通过构建一系列的判定规则，实现了对水果的正确分类，这种方式在某些场景依然不失为一个简单有效的方法；特别是，基于规则的专家系统现在都有成熟的构建框架，使专家系统的建立相对容易得多。而神经网络则采用了完全不同的思路，可以说神经网络是在一种懵懂的、完全不知情、没有任何先验知识的情况下，通过奖赏训练而实现了一个水果分类器，这种方式完全模仿了人类的学习机制，是机器学习的根本出发点。机器学习是人工智能领域最活跃、最重要的一个分支，当前人工智能领域取得的绝大部分成果都与机器学习相关。

➢ 拓展训练

阅读有关人工智能的背景知识，了解人工智能的发展脉络。

人类社会、物理世界、信息空间构成了当今世界的三元，智能化是信息技术发展的永恒追求，实现这一追求的主要途径是发展人工智能技术。我们说一个信息产品是智能的，通常是指这个产品能完成有智慧的人才能完成的事情，或者已经达到人类才能达到的水平。

人工智能目前被归类为计算机学科的一个分支，是当前科学技术发展中的一门前沿学科，同时也是一门正在迅速发展的学科。它是在计算机科学、控制论、信息论、神经心理学、哲学、语言学等多门学科的基础上发展起来的，因此也可以把它看作一门综合性的学科。人工智能在 20 世纪 70 年代以来被称为世界三大尖端技术（空间技术、能源技术、人工智能）之一，也被认为是 21 世纪三大尖端技术（基因工程、纳米科学、人工智能）之一，近 30 年来获得了迅速的发展，在机器翻译、智能控制、专家系统、机器人学、语言和图像理解等众多学科领域都获得了广泛应用并取得了丰硕的成果。

20 世纪 40 年代和 50 年代，一批来自不同领域（数学、心理学、工程学、经济学和政治学）的科学家开始探讨制造人工大脑的可能性。1956 年，人工智能被确立为一门学科。人工智能自诞生以来，历经了发展、兴起、低谷、再兴起的过程，这个过程也是伴随计算机学科（包括硬件、软件、网络等）的发展而变化的过程。具体来说，人工智能的发展经历了下面几个阶段：

一是起步发展期：1956 年—20 世纪 60 年代初。人工智能概念被提出后，相继取得了一批令人瞩目的研究成果，如机器定理证明、跳棋程序等，掀起了人工智能发展的第一个高潮。

二是反思发展期：20 世纪 60 年代初—70 年代初。人工智能发展初期的突破性进展大大提升了人们对人工智能的期望，人们开始尝试更具挑战性的任务，并提出了一些不切实际的研发目标。然而，接二连三的失败和预期目标的落空（例如，无法用机器证明两个连续函数之和还是连续函数、机器翻译闹出笑话等），使人工智能的发展走入低谷。

三是应用发展期：20 世纪 70 年代初—80 年代中。20 世纪 70 年代出现的专家系统模拟人类专家的知识和经验解决特定领域的问题，实现了人工智能从理论研究走向实际应用、从一般推理策略探讨转向运用专门知识的重大突破。专家系统在医疗、化学、地质等领域取得成功，推动人工智能进入应用发展的新高潮。在这一时期，斯坦福大学研究开发的血液感染病诊断专家系统 MYCIN 被国际上公认为最有影响的专家系统。

四是低迷发展期：20 世纪 80 年代中—90 年代中。随着人工智能的应用规模不断扩大，专家系统存在的应用领域狭窄、缺乏常识性知识、知识获取困难、推理方法单一、缺乏分布式功能、难以与现有数据库兼容等问题逐渐被暴露出来。

五是稳步发展期：20 世纪 90 年代中—2010 年。网络技术特别是互联网技术的发展，加速了人工智能的创新研究，促使人工智能技术进一步走向实用化。1997 年，IBM 公司的深蓝超级计算机战胜了国际象棋世界冠军卡斯帕罗夫，2008 年 IBM 提出"智慧地球"的概念，成为这一时期的标志性事件。

六是蓬勃发展期：2011 年至今。随着大数据、云计算、互联网、物联网等信息技术的发展，泛在感知数据和图形处理器等计算平台推动以深度神经网络为代表的人工智能技术飞速发展，大幅跨越了科学与应用之间的"技术鸿沟"，图像分类、语音识别、知识问答、人机对弈、无人驾驶等人工智能技术实现了从"不能用、不好用"到"可以用"的技术突破，迎来爆发式增长的新高潮。在这一阶段，影响世界的事件当属 2016 年谷歌公司的 AI 棋手 AlphaGo 在围棋比赛中战胜人类冠军李世石，该事件是人工智能进入新高潮的标志。

人工智能经过了几个阶段的发展，但其基础理论并没有很大突破。未来人工智能将加速与其他学科领域交叉渗透；同时，人工智能应用的云端化也将不断加速，全球人工智能产业规模在未来 10 年将进入高速增长期。例如，2016 年 9 月，咨询公司埃森哲发布报告指出，人工智能技术的应用将为经济发展注入新动力，可在现有基础上将劳动生产率提高 40%；到 2035 年，美、日、英、德、法等 12 个发达国家的年均经济增长率可以翻一番。2018 年麦肯锡公司的研究报告预测，到 2030 年，约 70%的公司将采用至少一种形式的人工智能，人工智能新增经济规模将达到 13 万亿美元。

人工智能将推动人类进入普惠型智能社会。"人工智能+X"的创新模式将随着技术和产业的发展日趋成熟，对生产力和产业结构产生革命性的影响，并推动人类进入普惠型智能社会。2017 年，国际数据公司 IDC 在《信息流引领人工智能新时代》白皮书中指出，未来 5 年人工智能将提升各行业运转效率。在我国，经济社会转型升级对人工智能有重大需求，在消费场景和行业应用的需求牵引下，需要打破人工智能的感知瓶颈、交互瓶颈和决策瓶颈，促进人工智能技术与社会各行各业相融合，从而实现低成本、高效益、广范围的普惠型智能社会。

笔记

项目总结

　　在信息化社会中，人人离不开网络操作。本项目通过制作网页、处理照片、制作二维码、录制和编辑视频、体验 Python 在数据可视化方面的应用等具体任务，培养学生的计算思维，掌握多项网络实用操作，让学生能够轻松体验网络带来的便捷应用，享受信息化时代的科技成果。随着人工智能领域的不断扩展，我们越来越能体会人工智能对我们日常生活和工作的影响。通过开发识别水果这个简单的人工智能应用，感知人工智能应用的开发过程，体验机器如何变得智能。

习 题

➤ 项目一

一、单选题

1. 下列关于快捷方式的说法错误的是_____。
   A. 快捷方式是到计算机或网络上任何可访问的项目的链接
   B. 可以将快捷方式放置在桌面、"开始"菜单和文件夹中
   C. 快捷方式是一种无须进入安装位置即可启动常用程序或打开文件、文件夹的方法
   D. 删除快捷方式后,初始项目也一起被从磁盘中删除

2. 在 Windows 10 的"文件资源管理器"窗口中,当选择好文件或文件夹后,_____操作不能将所选定的文件或文件夹删除(在系统的默认状态下)。
   A. 执行"主页"选项卡中的"删除"命令
   B. 按键盘上的 Delete 键或 Del 键
   C. 右击该文件或文件夹,在打开的快捷菜单中选择"删除"命令
   D. 双击该文件或文件夹

3. 操作系统是根据文件的_____来区分文件类型的。
   A. 创建方式　　　B. 打开方式　　　C. 主名　　　　D. 扩展名

4. 下列有关窗口的描述错误的是_____。
   A. 应用程序窗口最小化后转为后台执行
   B. Windows 窗口顶部通常是标题栏
   C. Windows 桌面上显示的是活动窗口
   D. 拖曳窗口标题栏可以移动窗口

5. 在 Windows 系统中删除 U 盘中的文件,下列说法正确的是_____。
   A. 可通过回收站还原　　　　　　B. 可通过撤销操作还原
   C. 可通过剪贴板还原　　　　　　D. 文件彻底删除,无法还原

6. 下列有关 Windows 回收站的叙述不正确的是_____。
   A. 可以修改回收站的图标
   B. 回收站中的文件(夹)可以改名
   C. 用户可以调整回收站的空间大小
   D. 可以为多个硬盘驱动器分别设置回收站的存储空间等属性

7. 在 Windows 10 中,下列关于快捷方式的说法正确的是_____。
   A. 一个对象可以有多个快捷方式
   B. 不允许为快捷方式创建快捷方式
   C. 一个快捷方式可以指向多个目标对象
   D. 只有文件和文件夹对象可以创建快捷方式

8. 计算机操作系统的主要功能是_____。

A. 把程序转换为目标程序　　　　　　B. 实现软、硬件转换

C. 管理系统所有的软、硬件资源　　　D. 进行数据处理

9. 为了避免重命名文件时重复输入扩展名，一般在重命名时要保证文件的扩展名显示。要使文件的扩展名显示，应选择_____选项卡中的"选项"命令。

A."查看"　　　　B."主页"　　　　C."共享"　　　　D."管理"

10. Windows 10 中，某窗口的大小占桌面的三分之二，该窗口标题栏上最右边存在的按钮依次是_____。

A. 最小化、还原、关闭　　　　　　B. 最小化、最大化、还原

D. 最小化、最大化、关闭　　　　　　C. 最大化、还原、关闭

11. 在 Windows 10 中，当一个应用程序窗口被关闭后，该应用程序将_____。

A. 被暂停执行　　　　　　　　　　B. 继续在前台执行

C. 被中止执行　　　　　　　　　　D. 被转入后台执行

12. 在不同的窗口之间进行切换的组合键是_____。

A. Shift+ Space　　B. Shift+ Ctrl　　C. Ctrl+Space　　D. Alt+Tab

13. 下列不属于操作系统的是_____。

A. Linux　　　　　　　　　　　　B. Microsoft Office

C. Windows　　　　　　　　　　　D. Mac Os

14. 在 Windows 中，根据_____来建立应用程序与文件的关联。

A. 文件的主名　　　　　　　　　　B. 文件的扩展名

C. 文件的属性　　　　　　　　　　D. 文件的内容

15. 下列关于 Windows 10 的描述错误的是_____。

A. Windows 10 是一个多任务操作系统，允许多个程序同时运行

B. 在某一时刻，只能有一个窗口处于活动状态

C. 非活动窗口在后台运行

D. 非活动窗口可以接收用户的键盘和鼠标输入等操作

16. 在 Windows 10 中，查看文件及文件夹的方式中没有_____。

A. 大图标　　　　B. 缩略图　　　　C. 平铺　　　　D. 详细信息

17. Windows 剪贴板是_____中的一个临时存储区，用来临时存放文字或图形。

A. 硬盘　　　　　B. 显示存储区　　C. 内存　　　　D. 应用程序

18. 在 Windows 10 中，若要复制活动窗口到剪贴板，可以按_____键。

A. Ctrl+PrintScreen　　　　　　　B. Alt+PrintScreen

C. PrintScreen　　　　　　　　　　D. Shift+PrintScreen

19. 在 Windows 10 系统中，默认不同输入法之间的切换键是_____键。

A. Shift+ Enter　　B. Shift+ Space　　C. Ctrl+ Enter　　D. Ctrl+ Shift

20. 在 Windows 10 文件资源管理器中，按住_____键不放，用鼠标将选定的文件或文件夹从右窗格拖动到左窗格，可以实现相同磁盘下文件或文件夹的复制。

A. Ctrl　　　　　B. Shift　　　　　C. Alt　　　　　D. Tab

21. 删除选定的文件和文件夹时，在进行删除操作的同时按下_____键可

以直接删除，不进入回收站。

    A. Shift　　　　　　　　B. Alt　　　　　　　　C. Space　　　　　　　D. Ctrl

22. 下列关于对话框的叙述正确的是_____。

    A. 拖动标题栏可以移动对话框

    B. 可以改变大

    C. 可以最小化成任务栏图标

    D. 可以双击标题栏完成窗口的最大化和还原的切换

23. 下列说法中正确的是_____。

    A. 没有安装打印机的计算机可以实现预览打印功能

    B. 一台计算机只能安装一台打印机

    C. 一台计算机可以安装多台打印机

    D. 一台打印机只能被一台计算机所使用

24. 在 Windows 10 中，文件的属性中不包含_____。

    A. 隐藏　　　　　　　　B. 只读　　　　　　　　C. 共享　　　　　　　D. 存档

25. 在文件资源管理器右窗格中，如果需要选定多个非连续排列的文件，应
_____。

    A. 按住 Ctrl 键，单击要选定的文件对象

    B. 按住 Alt 键，单击要选定的文件对象

    C. 按住 Shift 键，单击要选定的文件对象

    D. 按住 Ctrl 键，双击要选定的文件对象

26. 在计算机领域中，所谓的批处理操作系统是一种_____的操作系统。

    A. 非交互性　　　B. 分时　　　　　　C. 交互性　　　　　D. 实时

27. 在 Windows 10 中，管理员账户_____。

    A. 没有添加/删除其他用户权限　　　　B. 没有删除软件的权限

    C. 拥有对计算机操作的全部权限　　　　D. 只有备份和恢复文件的权限

28. Windows Media Player 是功能强大的媒体播放器，支持多种格式的音频
和视频文件，但不支持_____文件。

    A. WAV　　　　　　　　B. MP3　　　　　　　　C. AVI　　　　　　　D. BMP

29. 在 Windows 10 的"此电脑"或"文件资源管理器"窗口中，若想显示
具有"隐藏"属性的文件或文件夹，应选择窗口中的_____选项卡，选中"隐
藏的项目"复选框。

    A."文件"　　　　　　B."主页"　　　　　　C."查看"　　　　　D."共享"

30. 下列关于使用磁盘碎片整理工具整理文件碎片的叙述正确的是
_____。

    A. 保证了文件的存储和磁盘空闲空间的连续性,从而提高了磁盘的读写
速度

    B. 合并磁盘上的空闲空间

    C. 将碎片收集起来，形成可以使用的完整的空间

    D. 整理后的文件读出时间比整理前的读出时间长

31. 删除 Windows 10 桌面上某个应用程序的快捷方式图标，意味着

_____。

    A. 该应用程序连同其图标一起被删除

    B. 只删除了该应用程序，对应的图标被隐藏

    C. 只删除了图标，对应的应用程序保留

    D. 该应用程序连同其图标一起被隐藏

32. 在 Windows 10 中，当一个应用程序窗口最小化后，该应用程序将

_____。

    A. 被中止执行   B. 继续在前台执行

    C. 被暂停执行   D. 被转入后台执行

33. 在 Windows 10 中，若要复制整个屏幕到剪贴板，可以按_____键。

    A. Ctrl+Printscreen   B. Alt+Printscreen

    C. Printscreen   D. Shiftl+Printscreen

34. 在 Windows 10 系统中，中、英文状态的切换键是_____键。

    A. Shift+ Enter   B. Shift+ Space   C. Ctrl+ Enter   D. Ctrl+ Space

35. 先单击第一项，然后按住_____键再单击最后一项，可以选定多个连续文件或文件夹。

    A. Alt   B. Ctrl   C. Shift   D. Del

36. 使用 Windows 10 设置中的"声音"设备功能，不可以_____。

    A. 选择默认的多媒体播放器软件   B. 选择默认的输出设备

    C. 调节音量大小   D. 选择默认的输入设备

37. 登录到 Windows 10 系统可以有两种不同账户，即_____和本地账户。

    A. Microsoft 账户   B. 管理员账户   C. 标准账户   D. 来宾账户

38. Windows 10 中的"画图"程序，默认保存的文件类型是_____。

    A. BMP   B. PNG   C. JPG   D. MOV

39. 在 Windows 10 操作系统中，Ctrl+V 是_____命令的快捷键。

    A. 复制   B. 剪切   C. 粘贴   D. 全选

40. 使用_____组合键可获取屏幕内容截图至剪贴板，而无须启动"截图工具"或者"截图和草图"。

    A. Windows 徽标键+ Shift+S   B. Windows 徽标键+Shif+A

    C. Windows 徽标键+ Shift+D   D. Windows 徽标键+ Shift+H

41. 下列有关删除文件的说法不正确的是_____。

    A. 可移动盘中的文件被删除后不能恢复

    B. 网络中的文件被删除后不能恢复

    C. U 盘中被删除的文件不能直接恢复

    D. 直接用鼠标拖到回收站的文件不能恢复

42. Windows 中，如果需要显示所有文件的扩展名，可以_____。

    A. 通过"控制面板"窗口"文件夹选项"中的"文件类型"选项卡

    B. 通过"控制面板"窗口"文件夹选项"中的"脱机文件"选项卡

    C. 通过"控制面板"窗口"文件夹选项"中的"常规"选项卡

    D. 通过"控制面板"窗口"文件夹选项"中的"查看"选项卡

43. 在 Windows 10 操作系统中，Ctrl+C 是_____命令的快捷键。

    A. 复制　　　　　　B. 剪切　　　　　　C. 粘贴　　　　　　D. 全选

44. 下列关于任务栏的描述不正确的是_____。

    A. 可以改变任务栏的形状　　　　　　B. 可以移动任务栏的位置

    C. 可以调节任务栏图标的大小　　　　D. 可以将任务栏隐藏

45. 删除选定的文件时，同时按下_____可以直接删除，而不进入回收站。

    A. Shift 键　　　　B. Alt 键　　　　C. Space 键　　　　D. Ctrl 键

46. 下列关于打印机设置的说法不正确的是_____。

    A. 要使打印机正常工作，必须安装打印机驱动程序

    B. 安装打印机驱动程序时，打印机必须连在计算机上

    C. 在一台计算机上可以安装多台打印机驱动程序

    D. 如果安装多台打印机，其中一台称为默认打印机

47. 在 Windows 10 的桌面空白处右击，选择排序方式后，下列_____不会出现。

    A. 修改日期　　　　B. 项目类型　　　　C. 大小　　　　D. 修改时间

48. 在 Windows 10 的控制面板中无法_____。

    A. 改变屏幕颜色　　　　　　　　B. 调整系统时间

    C. 改变 CMOS 的设置　　　　　　D. 调整鼠标速度

49. 在 Windows 10 中，若某文件具有只读属性，则_____。

    A. 该文件可以编辑，但是无法将编辑后的内容保存到原文件

    B. 不可以编辑，因此也无法再次保存

    C. 该文件无法打开

    D. 该文件无法删除

50. 启动 Windows 10 后，出现在屏幕上的整个区域称为_____。

    A. 资源管理器　　　　　　　　B. 桌面

    C. 文件管理器　　　　　　　　D. 程序管理器

二、多选题

1. 从资源管理的观点来看，操作系统的主要功能包括_____。

    A. 存储管理　　　　　　　　B. 设备管理

    C. 文件与作业管理　　　　　　D. 处理机管理

2. 在 Windows 10 的文件资源管理器中，如果要选定某个文件夹中的所有文件或文件夹，可以通过_____。

    A. 单击"主页"选项卡，然后选择"全部选择"命令

    B. 单击"查看"选项卡，然后选择"全部选择"命令

    C. 按 Ctrl+A 快捷键

    D. 按 Ctrl+C 快捷键

3. 下列关于 Windows 10 窗口的叙述正确的是_____。

    A. 窗口是应用程序运行后的工作区

    B. 同时打开的多个窗口可以重叠排列

笔记

C. 窗口的位置可以移动，但大小不能改变

D. 窗口的位置和大小都能改变

4. 在 Windows 10 中，下列关于回收站的描述错误的是_____。

A. 回收站是内存中的一块存储空间

B. 回收站中的文件可以还原到原来的位置

C. 回收站中的文件可以通过 Delete 键从回收站中删除

D. 回收站所占的空间大小用户无法更改

5. 在 Windows 10 系统中，下列操作可移动文件或文件夹的有_____。

A. 在同一驱动器中直接用鼠标拖动

B. 剪切和粘贴

C. 在不同驱动器中，按住 Ctrl 键用鼠标拖动

D. 用鼠标右键拖动文件或文件夹到目的文件夹，然后在弹出的菜单中选择"移动到当前位置"

6. 在 Windows 10 中，文件的属性包括_____。

A. 只读　　　　B. 系统　　　　C. 隐藏　　　　D. 存档

7. 在 Windows 10 中，要更改当前计算机的日期和时间，可以_____。

A. 使用"Windows 附件"

B. 使用控制面板中的"时钟和区域"链接

C. 右击任务栏上的时间，选择"调整日期/时间"

D. 使用设置中的"时间和语言"链接

8. 通过 Windows 10 控制面板中的"设备和打印机"链接，可以_____。

A. 改变打印机的属性　　　　B. 打印屏幕信息

C. 清除最近使用过的文档　　D. 添加新的打印机

9. 下列关于 Windows 10 系统中剪切、复制、粘贴操作的说法正确的是_____。

A. 剪切、复制的作用相同，都是将当前选定的内容从所在的位置复制到剪贴板上

B. 粘贴就是复制

C. 剪切、复制不可同时进行

D. 剪切、复制、粘贴都与剪贴板有关

10. Windows 10 中，通过桌面快捷菜单中的"个性化"命令能设置的选项有_____。

A. 主题　　　　B. 锁屏界面　　　　C. 桌面背景　　　　D. 窗口颜色

11. 在 Windows 10 中，下列描述错误的是_____。

A. 剪贴板中的信息可以是一段文字数字或符号组合，也可以是图形、图像等

B. 当电脑关闭或重启时，存储在剪贴板中的内容不会丢失

C. 只要用鼠标拖动桌面上的图标，就可以将图标移到自己喜欢的位置

D. 同一个文件夹中，文件与文件不能同名，文件与文件夹可以同名

12. 在 Windows 10 中，可以完成窗口切换的方法是_____。

A. 按 Alt+Tab 键

B. 单击要切换窗口的任何可见部位

C. 按 Win+Tab 键

D. 单击任务栏上要切换的应用程序按钮

13. 在 Windows 10 文件资源管理器中，假设已经选定文件，以下关于复制操作的叙述中不正确的有_____。

A. 直接拖至不同驱动器的文件夹

B. 按住 Shift 键，拖至不同驱动器的文件夹

C. 按住 Ctrl 键，拖至相同驱动器的文件夹

D. 按住 Shift 健，然后拖至同一驱动器的另一子目录

14. 在 Windows 10 中，卸载应用程序时可以_____。

A. 删除一个程序组

B. 删除整个 Windows 操作系统

C. 删除应用程序

D. 删除时只把被删除的文件和文件夹放在回放站中

15. 在 Windows 10 中，可以_____关闭当前窗口。

A. 按窗口右上角的"关闭"按钮　　　B. 按 Alt +F4 键

C. 按窗口右上角的"最小化"按钮　　D. 按 Alt +Esc 键

16. 在 Windows 10 中，以下属于"合法"文件名的是_____。

A. FILE.DAT　　　　B. 123.\　　　　C. 您好.txt　　　　D. 123*.txt

17. 以下属于 Windows 10 自带的应用程序的是_____。

A. 截图工具　　　　　　　　　B. 数学输入面板

C. 格式刷　　　　　　　　　　D. 录音机

18. 按常规方式成功安装 Windows 10 操作系统后，桌面上初始显示的图标有_____。

A. Word　　　　　B. 此电脑　　　　C. 网络　　　　D. 计算器

19. 下列关于计算机操作系统的叙述中不正确的是_____。

A. 操作系统是内存和外存之间的接口

B. 操作系统是源程序和目标程序之间的接口

C. 操作系统是外设和主机之间的接口

D. 操作系统是用户和计算机之间的接口

20. 下列软件属于操作系统的是_____。

A. Windows 2000　　B. WinRAR　　　C. UNIX　　　　D. Linux

三、填空题

1. 计算机系统软件的核心是_____，主要用来控制和管理计算机的所有软、硬件资源。

2. 文件名中，标识文件类型的是_____。

3. 计算机运行一个应用程序时，一般会在_____上增加一个按钮。

4. 在 Windows 10 的回收站中，若要恢复选定的文件或文件夹，可以使用

_____命令。

5. _____可以记录我们在电脑上的每一步操作，并自动配以截图和文字说明，用来与他人分享操作步骤。

6. _____账户除了可登录 Windows 10 操作系统外，还可登录 Windows Phone 手机操作系统，实现电脑与手机的同步。

7. _____操作系统是基于计算机网络的，是在各种计算机操作系统上按网络体系结构协议标准开发的系统软件。

8. 从用户和任务的角度考察，Windows 10 是_____操作系统。

9. 由一台计算机同时轮流为多个用户服务，而用户却常常感觉只有自己在使用计算机，即是_____操作系统的工作特性。

10. _____操作系统适用于对外部事件做出及时响应并立即处理的场合。

11. 在 Windows 10 系统中，用户选择了 C 盘中的一批文件，单击 Del 键并没有真正删除这些文件，而是将这些文件转移到_____中。

12. Windows 10 操作系统及其应用程序采用图形化界面，运行某个应用程序或打开某个文档，就会对应出现一个矩形区域，这个矩形区域称为_____。

13. Windows 10 系统中的回收站是_____中的一块存储区域。

14. 在 Windows 10 操作系统中，Ctrl+X 是_____命令的快捷键。

15. Windows 10 的剪贴板中保存的是最近_____次剪切或复制的内容。

16. 存储在磁盘上的一组相关信息的集合称为_____。

17. 在 Windows 10 中，文件或文件夹名称的长度最大是_____个字符。

18. 在 Windows 10 中，"记事本"应用程序保存的文件扩展名为_____。

19. Windows 10 可以同时打开多个窗口，但任意时刻只能有_____个活动窗口。

20. Windows 10 自带的只能处理纯文本的文字编辑工具是_____。

➢ 项目二

一、单选题

1. 在 Word 2016 中，文档模板的默认扩展名是_____。
   A. docx   B. rtfx   C. gifx   D. dotx

2. 启动 Word 2016 时，系统自动创建一个_____的新文档。
   A. 以用户输入的前 8 个字符作为文件名
   B. 没有名称
   C. 名为 "*.dox"
   D. 名为 "文档 1"

3. 在 Word 2016 中，在_____视图下可用标尺设置上下左右页边距。
   A. 大纲视图   B. 草稿视图   C. 页面视图   D. 打印视图

4. Word 2016 中，窗口一般由_____、标尺、文档编辑区、滚动条、状态栏等组成。
   A. 标题栏   B. 工具栏   C. 文本框   D. 图片

5. 在 Word 2016 中，若想获取光标所在位置位于当前文档处的第几页及文档的总页数，可查看窗口的_____。

    A. 快速访问工具栏　　　　　　B. 状态栏

    C. 滚动条　　　　　　　　　　D. 标题栏

6. 在 Word 2016 中，文本被剪切后保存在_____中。

    A. 临时文件　　　　　　　　　B. 自己新建的文档

    C. 剪贴板　　　　　　　　　　D. 硬盘

7. 在 Word 2016 文档中，将光标置于一段的段末，用_____键可使后段与该段合并。

    A. Backspace　　　B. Delete　　　C. Space　　　D. Enter

8. 在 Word 2016 文档中，每个段落都有自己的段落标记，段落标记的位置在_____。

    A. 段落的起始位置　　　　　　B. 段落的中间位置

    C. 段落的尾部　　　　　　　　D. 行尾

9. 在 Word 2016 中打开一个文档并对其进行修改，当关闭文档后，_____。

    A. 文档被关闭，并自动保存修改后的内容

    B. 文档不能关闭，并指示出错

    C. 弹出对话框，询问是否保存对文档的修改

    D. 文档被关闭，修改后的内容不能保存

10. 以下关于 Word 2016 的操作及功能叙述中不正确的是_____。

    A. Word 2016 具有表格处理能力

    B. 进行段落格式设置时，不必先选定整个段落

    C. 设置字符格式对所选文本有效，对在该处后续输入的文本无效

    D. Word 2016 表格的单元格中可以插入公式进行运算

11. 要使 Word 2016 能自动更正经常输错的单词，应使用_____。

    A. 拼写检查　　　B. 同义词库　　　C. 自动拼写　　　D. 自动更正

12. 在 Word 2016 的编辑状态下，打开了"w1.docx"文档，把当前文档以"w2.docx"为名进行另存为操作，则_____。

    A. 当前文档为 w1.docx

    B. 当前文档为 w2.docx

    C. 当前文档为 w1.docx 和 w2.docx

    D. 文档 w1.docx 和 w2.docx 全部关闭

13. 以只读方式打开的 Word 2016 文档，在做了某些修改后，要保存时，应使用"文件"选项卡下的_____。

    A. 保存　　　　B. 全部保存　　　C. 另存为　　　D. 关闭

14. Word 2016 字数统计的功能_____。

    A. 不能统计汉字的个数

    B. 可以对文中选中的部分进行统计

    C. 不能统计标点的个数

    D. 不能分别统计中文字数和非中文单词数

15. 在 Word 2016 中，如果想输入"X_2"，则最正确的方法是_____。

A. 将"X"的字号设成最大　　　　B. 将"2"的字号设成最小

C. 将"X"设成上标　　　　　　　D. 将"2"设成下标

16. 在 Word 2016 中输入文本时，在插入点重新设置字符的字形、字号和底纹等格式，则_____。

A. 仅插入点后面的第一个文字按此设置

B. 此后输入的文字都将按此设置

C. 仅本行的文字将按此设置

D. 对后面输入的文字没有影响，因为设置格式前必须首先选定文本

17. 下列有关 Word 2016 的说法中错误的是_____。

A. 有邮件合并功能

B. 邮件合并的含义是 Word 支持将多个邮件合成一个邮件发送

C. 邮件合并是域的一种重要应用

D. 邮件合并必须设置一个电子信箱

18. 在 Word 2016 文本编辑中，_____实际上应该在文档的编辑、排版和打印等操作之前进行，因为它对许多操作都将产生影响。

A. 页码设定　　　B. 打印预览　　　C. 字体设置　　　D. 页面设置

19. 在 Word 2016 中，若光标位于表格外右侧的行尾处，按 Enter 键，结果是_____。

A. 光标移到下一列

B. 光标移到下一行，表格行数不变

C. 插入一行，表格行数变化

D. 在本单元格内换行，表格行数不变

20. 在 Word 2016 的表格中，用_____键可使插入点移至前一个（左边）单元格。

A. Shift+Tab　　　B. Tab　　　　　C. Ctrl +Home　　D. Backspace

21. 在 Word 2016 中，双击"格式刷"按钮并进行多次操作后，用_____方法可使其失效。

A. 双击"格式刷"按钮　　　　　　B. 单击"格式刷"按钮

C. 按 Esc 键　　　　　　　　　　D. 按 Alt 键

22. 在 Word 2016 中，设计个人简历最简便的方法是_____。

A. 在"文件"选项卡中选择"新建"命令，再应用相关模板

B. 在"开始"选项卡中选择"样式"组，再应用相关样式

C. 在"插入"选项卡中选择"文本"，再编辑相关内容

D. 在"视图"选项卡中选择"新建"命令，再应用相关模板

23. 在 Word 2016 中，使用"插入"→"插图"命令可以插入_____。

A. 公式　　　　　　B.画片　　　　C. 超链接　　　　D. 艺术字

24. 在 Word 2016 中绘制矩形时，同时按下_____键可绘制出正方形。

A. Ctrl　　　　　　B. Shift　　　　C.Alt　　　　　　D. Tab

25. 在 Word 2016 中的"打印"对话框中，无法设置_____。

A. 打印份数　　　　　　　　　　B. 打印范围

　　　　C. 打印机属性　　　　　　　　　　D. 打印图片类型

26. 在 Word 2016 中，要同时在屏幕上显示一个文档的不同部分，可以使用_____。

　　　　A. 重排窗口　　　　B. 全屏显示　　　C. 拆分窗口　　　D. 页面设置

27. 在 Word 2016 的编辑状态下，文档窗口显示出水平标尺，拖动标尺上沿的"首行缩进"滑块，则_____。

　　　　A. 文档中各段落的首行起始位置被重新设置
　　　　B. 文档中被选择的段落首行起始位置被重新设置
　　　　C. 文档中各行的起始位置被重新设置
　　　　D. 光标所在行的起始位置被重新设置

28. 在 Word 2016 中，若要在每一页底部左侧加上页码，可采用的方法是_____。

　　　　A. "插入"选项卡→"页码"　　　　　B. "布局"选项卡→"页面设置"
　　　　C. "插入"选项卡→"编号"　　　　　D. "视图"选项卡→"显示"

29. 在 Word 2016 中，如要跟踪用户对文档的所有更改，如插入、删除或格式修改等操作，需执行_____。

　　　　A. 修订　　　　　B. 拼写和语法　　　C. 新建批注　　　D. 字数统计

30. 在 Word 2016 中，"段落"对话框的"缩进"表示文本相对于文本边界又向页内或页外缩进一段距离，段落缩进后文本相对打印纸边界的距离等于_____。

　　　　A. 页边距　　　　　　　　　　　　B. 缩进距离
　　　　C. 页边距+缩进距离　　　　　　　D. 以上都不是

31. 如果要了解 Word 2016 文档的页数、行数及字数等统计信息，可以选择_____选项卡中的"字数统计"命令。

　　　　A. "开始"　　　　B. "审阅"　　　　C. "文件"　　　　D. "视图"

32. 在 Word 2016 中，按回车键将产生一个_____。

　　　　A. 换行符　　　　B. 段落标记符　　　C. 分页符　　　D. 分节符

33. 在 Word 2016 中，要对表格中的数据进行计算，应该执行的操作是_____。

　　　　A. "表格工具/布局"→"数据"→"公式"
　　　　B. "表格工具/设计"→"数据"→"公式"
　　　　C. "插入"→"符号"→"公式"
　　　　D. "插入"→"表格"→"数据"→"公式"

34. 关于 Word 2016 中表格的手动调整，以下叙述正确的是_____。
　　　　A. 合并左右相邻的单元格时，单元格中的内容将不再保存
　　　　B. 合并上下相邻的单元格时，单元格中的内容将不再保存
　　　　C. 拖动表格右下角的小正方形图标可等比例改变整个表格的大小
　　　　D. 如果仅改变某个单元格的行高，可先选定该单元格再拖动边框箭头

35. 在 Word 2016 的编辑状态下，若要进行首字下沉设置，应在_____选项卡中进行。

    A."开始"   B."布局"   C."插入"   D."视图"

36. 在 Word 2016 中，关闭已编辑完成的 Word 文档时，文档从屏幕上消失，也将从_____中消除。

    A. 内存   B. 外存   C. 磁盘   D. CD-ROM

37. 在 Word 2016 中的表格内输入的公式必须以_____开头。

    A. +   B. *   C. =   D. "

38. 在 Word 2016 中，执行一次"撤销"命令意即_____。

    A. 只能撤销刚刚删除过的文本
    B. 撤销刚刚删除过的图形
    C. 取消文档中所做的全部操作
    D. 仅撤销刚刚进行过的一步操作

39. 关于 Word 2016 的文档窗口，下列说法正确的是_____。

    A. 可以同时打开多个文档，这些文档都可以进行编辑，因此都是活动的
    B. 可以同时打开多个文档，但同一时刻仅能对一个文档进行编辑
    C. 可以同时打开多个文档，可以同时对这些文档进行编辑
    D. 每次只能打开一个文档，要想再打开另一个，原文档须关闭

40. 在 Word 2016 的表格中，改变表格的行高与列宽可用鼠标操作，方法是_____。

    A. 当鼠标指针在表格线上变为双箭头形状时拖动鼠标
    B. 双击表格线
    C. 单击表格线
    D. 单击"拆分单元格"按钮

二、多选题

1. 在 Word 2016 中，_____会出现"另存为"对话框。

    A. 当对文档的第二次及以后的存盘，单击快速访问工具栏的"保存"按钮时
    B. 当对文档的第二次及以后的存盘采用快捷键 Ctrl+S 命令方式时
    C. 当文档首次存盘时
    D. 当对文档的存盘采用"另存为"命令方式时

2. Word 2016 的主要功能不包括_____。

    A. 文字编辑   B. 音频处理   C. 视频编辑   D. 数据处理

3. 关于 Word 2016 文档页码的设置，下列说法正确的是_____。

    A. 页码可以设在页面的纵向两侧
    B. 页码不仅可用"1，2，3，…"，也可以用"a，b，…"格式
    C. 页码可以从任意数值开始
    D. 可以设置首页不显示页码

4. 在 Word 2016 中，段落的对齐方式包括_____。

    A. 左对齐   B. 中部对齐   C. 分散对齐   D. 右对齐

5. 在 Word 2016 中能调整页边距的操作是_____。

A．"文件"→"页面设置"→"页边距"

B．"开始"→"页面设置"→"页边距"

C．"布局"→"页面设置"→"页边距"

D．在标尺显示的情况下也可利用标尺拖动来实现

6．在 Word 2016 中，页面背景包括_____。

  A．水印　　　　B．页面颜色　　C．页面边框　　D．主题色

7．在 Word 2016 中，实现段落缩进的方法有_____。

A．用鼠标拖动标尺上的缩进符

B．用"开始"选项卡中的"段落"组命令

C．用"插入"选项卡中的"分隔符"命令

D．用 F5 功能键

8．在 Word 2016 中，更新域的方法是_____。

A．右击此域，从弹出的快捷菜单中选"更新域"命令

B．使用 F9 功能键

C．使用 Ctrl+Shift+F11 组合键

D．使用 Ctrl+Shift+F10 组合键

9．在 Word 2016 中，下列有关页边距的说法错误的是_____。

A．用户不可以同时设置左、右、上、下页边距

B．设置页边距影响原有的段落缩进

C．可以同时设置装订线的距离

D．页边距的设置只影响当前页或选定文字所在的页

10．下列有关在 Word 2016 中打印一个文档的第 10 页的操作，不正确的是_____。

A．将光标移到文档第 10 页，单击快速工具栏中的"打印"按钮

B．选择"文件"选项下的"打印"命令，单击打印机图标开始打印

C．将光标移到文档第 10 页，选择"文件"选项卡下的"打印"命令，在弹出的对话框中选择打印当前页面

D．选择"文件"选项卡下的"打印预览"命令，在弹出的对话框中设置页面范围：10-10

11．在 Word 2016 中，以下操作能够实现全文选定的是_____。

A．按 Ctrl+A 快捷键

B．将鼠标移至页左选定栏，快速双击鼠标左键

C．将鼠标移至页左选定栏，快速三击鼠标左键

D．将鼠标移至页左选定栏，按住 Ctrl 键，单击鼠标左键

12．下列对 Word 2016 文档分页的叙述中正确的有_____。

A．Word 2016 文档可以自动分页，也可以人工分页

B．分页符可以打印出来

C．人工分页符可以删除

D．按下 Ctrl+Enter 键可以实现人工分页

13．在 Word 2016 中，下列说法正确的是_____。

A. 节是独立的编辑单位，每一节可以设置不同的格式

B. 分节符默认是不可见的，所以不可以删除

C. 人工分页符可以删除，但自动分页符不能手动删除

D. 设置分栏排版之前必须选中要操作的文档内容

14. 在 Word 2016 中，字符格式化包括_____操作。

A. 设置字符的双删除线、下划线

B. 设置字符的字体、字号及首字下沉

C. 设置字符的提升、降低等位置效果

D. 设置字符隐藏

15. 在 Word 2016 的页眉/页脚中不能_____。

A. 插入图片　　　　　　　　　　B. 设置字符分栏

C. 设置文字方向　　　　　　　　D. 插入分隔符

16. 以下_____通常会显示在 Word 2016 窗口的状态栏中。

A. 当前文档名　　　　　　　　　B. 当前页及总页数

C. 文档的字符总数　　　　　　　D. 当前页的页眉

17. 关于 Word 2016 的样式，以下说法正确的是_____。

A. 用户可以删除自己定义的样式　B. 用户可以创建自己的样式

C. 用户可以修改系统的样式　　　D. 用户可以删除系统内置样式

18. 在 Word 2016 中，若想把 T1.docx 和 T2.docx 两个文档按顺序合并为一个文档，则可_____。

A. 利用"插入"选项卡→"对象"→"文件中的文字"

B. 使用"剪贴板"功能

C. 在两个不同的窗口中同时打开并编辑这两个文件

D. 利用"插入和链接"技术

19. 在 Word 2016 多文档窗口编辑方式下转换文档窗口的方法有_____。

A. 利用"视图"选项卡"切换窗口"命令

B. 双击任务栏中的 Word 文档按钮

C. 按组合键 Ctrl+Tab

D. 按组合键 Alt+Tab

20. 在 Word 2016 的编辑状态下，下列有关剪贴板操作的叙述错误的是_____。

A. 选择文本块并执行剪切操作后，可执行多次粘贴操作

B. 选择文本块并执行复制操作后，可执行多次粘贴操作

C. 选择文本块并执行剪切操作后，只能执行一次粘贴操作

D. 选择文本块并执行复制操作后，只能执行一次粘贴操作

三、填空题

1. 在 Word 2016 中，为了能看清文档打印输出后的效果，应使用_____视图。

2. Word 2016 中的段落是指两个_____之间的全部字符。

3. 按_____+Enter 键可产生软回车，即换行但不分段，前后两段文字在 Word 中属于同一段落。

4. 在 Word 2016 中，实现多文档间切换的快捷键是_____。

5. 在 Word 2016 中，表格的公式计算本质是域的应用，按_____键可以实现域结果和域代码间的相互转换。

6. 在 Word 2016 中，目录默认是以链接的形式插入的，按下_____键后，再单击某条目录项可访问相应的目标位置。

7. _____是隐藏在文档中的由一组特殊代码组成的指令。系统在执行这组指令时，所得到的结果会插入文档中并显示出来。

8. 在 Word 2016 中，欲把整个文本中的"Computer"都删除，最简单的方法是使用"开始"选项卡中"编辑"组中的_____命令。

9. Word 2016 中，文件的默认扩展名为_____。

10. 在 Word 2016 中，如果用户错误地删除了文本，可用快速访问工具栏中的_____按钮将其恢复。

11. 在 Word 2016 文档中，要在已有的表格中添加一行，最简单的操作是在表格最后一列外侧的段落标记前按_____键。

12. 在 Word 2016 中，在文档选定区_____鼠标可以选定一行。

13. 在 Word 2016 中，行间距是指所选定段落中_____之间的距离。

14. 在 Word 2016 中编辑文本，可以使用_____复制文本的格式。

15. 利用快捷键_____可实现对正在编辑的 Word 2016 文档的存盘。

16. 在 Word 2016 中，"新建批注"命令在_____选项卡中。

17. 在 Word 2016 中，按住_____拖动鼠标，即可选定鼠标所标志的矩形区域。

18. 在 Word 2016 中，从当前光标处一直选定至文档首部的快捷键是_____。

19. 在 Word 2016 中，新建文档的快捷键是_____。

20. 在 Word 2016 文档编辑中，要完成修改、移动、复制、删除等操作，必须先_____要编辑的区域。

四、操作题

小李利用 Word 2016 制作了一个如下图所示 Word 文档，请结合所学知识，回答下列问题。

1. ①处标记的段落对齐方式为_____。

    A. 两端对齐   B. 居中对齐   C. 分散对齐   D. 左对齐

2. 要为文本内容设置②处标记的段落格式，正确的操作步骤为_____。

    A. 将插入点定位到该段中，在"字体"对话框中选择"悬挂缩进"命令

    B. 将插入点定位到该段中，在"段落"对话框中选择"悬挂缩进"命令

    C. 将插入点定位到该段中，在"字体"对话框中选择"首行缩进"命令

    D. 将插入点定位到该段中，在"段落"对话框中选择"首行缩进"命令

3. 要设置③处标记的格式，需要使用_____。

    A. "开始"选项卡中的"悬挂"命令

    B. "插入"选项卡中的"艺术字"命令

    C. "插入"选项卡中的"首字下沉"命令

    D. "布局"选项卡中的"分栏"命令

4. 要设置④处标记的格式，需要使用_____。

    A. "开始"选项卡中的"悬挂"命令

    B. "插入"选项卡中的"艺术字"命令

    C. "插入"选项卡中的"首字下沉"命令

    D. "布局"选项卡中的"分栏"命令

5. ⑤处标记的格式表示_____。

    A. 为 Word 文档添加了批注   B. 为 Word 文档添加了文本框

    C. Word 文档处于"改写"状态   D. Word 文档处于"修订"状态

➢ 项目三

一、单选题

1. 在 Excel2016 单元格中，不允许输入的是_____。

    A. 数字   B. 公式   C. 文字   D. 图片

2. 在 Excel 2016 中，单击一个已有数据的单元格后直接输入新数据，以下说法正确的是_____。

    A. 覆盖单元格原有的一部分数据

    B. 覆盖单元格原有的全部数据

    C. 不会覆盖单元格原有的数据

    D. 对单元格原有的数据，有时覆盖，有时不覆盖

3. 在 Excel 2016 中，B2 单元格的内容为"星期日"，拖动该单元格的填充柄向下填充 5 个连续的单元格，则其内容为_____。

    A. 星期一、星期二、星期三、星期四、星期五

    B. 连续 5 个"星期日"

    C. 连续 5 个空白

    D. 以上都不对

4. 在使用高级筛选时，同行的条件区域中，在"性别"字段下输入"男"，"成绩"字段下输入"中级"，则_____。

    A. 将筛选出所有记录

B. 将筛选出性别为"男"或成绩为"中级"的所有记录

C. 将筛选出性别为"男"且成绩为"中级"的所有记录

D. 筛选无效

5. 下列关于打开 Excel 2016 文档的操作不正确的是_____。

A. 使用"文件"选项卡中的"打开"

B. 使用快速访问工具栏中的"打开"

C. 使用"开始"选项卡中的"打开"

D. 双击相应文档

6. 在 Excel 2016 活动单元格中输入"=COUNT(11,13,15)<13"后按回车键，则单元格中显示的是_____。

A. 10　　　　　　　B. False　　　　　　C. True　　　　　　D. 出错

7. 在 Excel 2016 中，以下运算符优先级最高的是_____。

A. +　　　　　　　B. &　　　　　　　C. *　　　　　　　D. %

8. 对 Excel 2016 工作表的数据进行分类汇总前，必须先按分类字段进行_____操作。

A. 排序　　　　　　B. 自动筛选　　　　C. 检索　　　　　　D. 查询

9. 在 Excel 2016 工作表单元格中输入_____，按回车键后该单元格显示日期 1 月 7 日。

A. 1/7　　　　　　B. "1/7"　　　　　　C. ="1/7"　　　　　D. =1/7

10. 下列有关 Excel 2016 公式的说法中错误的是_____。

A. AND 函数的作用是判断参数值是否都为 True，是则返回 True，否则返回 False

B. IF 函数的作用在于判断某条件是否成立，成立则返回 True，不成立则返回 False

C. COUNT 函数的作用是返回单元格区域中包含数字的单元格的个数

D. SQRT 函数返回某数值的平方根

11. 在 Excel 2016 中，下列有关输入时间的说法错误的是_____。

A. 输入 8:28，则表示上午 8:28

B. 输入 4:28PM，则表示 16:28

C. 按下 Ctrl+";"则输入系统当前时间

D. 输入 9:28AM，则表示上午 9:28

12. 在 Excel 2016 中，符号"<"属于_____。

A. 算术运算符　　　　　　　　　B. 比较运算符

C. 引用运算符　　　　　　　　　D. 文本运算符

13. Excel 2016 工作表编辑栏中的"√"表示_____。

A. 接受公式栏中的编辑　　　　　B. 取消公式栏中的编辑

C. 插入函数进行编辑　　　　　　D. 删除编辑栏中的数据

14. 在 Excel 2016 工作表中，A3 单元格中存有数据 1，选中该单元格后执行 Ctrl+C 操作，然后选中 A5 单元格，执行 Ctrl+V 操作，以下说法正确的是_____。

   A. 单元格 A3 的内容及格式移动到 A5 单元格，再次按下 Ctrl+V 后无效

   B. 将 A3 单元格的内容及格式复制到 A5 单元格，可继续使用 Ctrl+V 向其他单元格复制

   C. 将 A3 单元格的内容及格式复制到 A5 单元格，再次按下 Ctrl+V 后无效

   D. 将 A5 单元格中填充上 2

15. 在 Excel 2016 中，若要使标题相对于表格居中，可以使用_____。

   A. 居中   B. 合并及居中   C. 分散对齐   D. 填充

16. 在 Excel 2016 中，单元格区域"A2:B3,A3:D3"包含_____个单元格。

   A. 2   B. 4   C. 6   D. 8

17. 要对 Excel 2016 工作表重命名，下列操作中错误的是_____。

   A. 单击工作表标签后输入新的工作表名

   B. 双击工作表标签后输入新的工作表名

   C. 右击工作表标签后单击"重命名"，再输入新的工作表名

   D. "开始"→"单元格"→"格式"→"重命名工作表"

18. 下列有关 Excel 2016 条件格式的说法中错误的是_____。

   A. 可突出显示单元格区域中的重复值

   B. 可对单元格区域中前 10%的数值显示不同的颜色

   C. 可实现数据的可视化效果

   D. 满足条件的数据显示，不满足条件的数据被隐藏

19. 若在 Excel 2016 工作表中已选中 A1 到 B2 的单元格区域，然后按住 Ctrl 键单击 C3 单元格，则选中的单元格数目为_____个。

   A. 4   B. 5   C. 6   D. 9

20. 在 Excel 2016 中，下列关于数据处理的说法不正确的是_____。

   A. 利用数据清单可以实现自动筛选的功能

   B. 只能根据数据清单中的一列排列记录的顺序

   C. 分类汇总之前必须先排序

   D. 分类汇总后的数据清单可以再恢复原工作表的记录

21. 若在 Excel 2016 工作表的某单元格中输入"0 1/2"，则编辑框中显示_____。

   A. 1/2   B. 0. 5   C. 0 1/2   D. 1 月 2 日

22. 在 Excel 2016 中，要在同一工作簿中把工作表 Sheet3 移到 Sheet1 前面，应该_____。

   A. 单击工作表 Sheet3 标签，并沿着标签行拖动到 Sheet1 前

   B. 单击工作表 Sheet3 标签，并按住 Ctrl 键沿着标签行拖动到 Sheet1 前

   C. 单击工作表 Sheet3 标签，按下 Ctrl+C 组合键，然后单击工作表 Sheet1 标签，再按 Ctrl+V 组合键

   D. 单击工作表 Sheet3 标签，按下 Ctrl+X 组合键，然后单击工作表 Sheet1 标签，再按 Ctrl+V 组合键

23. 在 Excel 2016 中，如果单元格中输入的内容以_____开始，Excel 2016

认为输入的是公式。

  A. =   B. !   C. *   D. ^

  24. 在 Excel 2016 中，若某单元格中显示信息 "#N/A"，则_____。

  A. 公式引用了一个无效的单元格坐标

  B. 公式中的数据超过列宽

  C. 公式中没有可用数值

  D. 公式中使用了无效的名字

  25. 在 Excel 2016 中，默认情况下，日期时间型数据在单元格中_____。

  A. 左对齐   B. 右对齐   C. 居中   D. 分散对齐

  26. 若在 Excel 2016 工作表的某单元格中输入分数 0.1386，单击 "开始" → "数字" 组中的百分比样式 "%" 按钮后，单元格内显示的是_____。

  A. 13.86%   B. 13.9%   C. 14%   D. 14.00%

  27. 在 Excel 2016 中，某工作表名为 "1 班"，现按下 Ctrl 键拖动将此工作表复制一个副本，则副本的默认名称为_____。

  A. 2 班   B. 1 班副   C. 1 班(1)   D. 1 班(2)

  28. 在 Excel 2016 工作簿中，下列关于移动和复制工作表的说法中不正确的是_____。

  A. 工作表不能在所在的工作簿内移动

  B. 工作表能在所在的工作簿内复制

  C. 工作表可以移动到其他工作簿内

  D. 工作表可以复制到其他工作簿

  29. 在 Excel 2016 中，默认情况下，文本型数据在单元格中_____。

  A. 左对齐   B. 右对齐   C. 居中   D. 分散对齐

  30. 在 Excel 2016 中，对于上下相邻两个含有数值的单元格用拖曳法向下做自动填充，默认的填充规则是_____。

  A. 等比数列   B. 等差数列   C. 自定义序列 D. 日期序列

  31. 在 Excel 2016 活动单元格中输入 "=SUM(2,3,4)>SUM(2,3,AVERAGE(4,0))" 并单击编辑区工具栏上的 "√" 按钮，单元格中显示的是_____。

  A. 90   B. False   C. True   D. 出错

  32. 在 Excel 2016 中，以下属于正确的混合地址的是_____。

  A. A4   B. $A4   C. 4$A   D. $A$4

  33. 在 Excel 2016 中，以下属于算术运算符的是_____。

  A. ^   B. &   C. <>   D. ÷

  34. 下列有关 Excel 2016 的说法中错误的是_____。

  A. 可通过选择性粘贴实现列宽的调整

  B. 为防止意外输入，可将工作表设置为保护状态

  C. 数据透视表可以排列数据，但不能汇总数据

  D. 可按多个字段排序

  35. 在 Excel 2016 中，数值数据默认_____。

A. 左对齐　　　　B. 右对齐　　　　C. 两端对齐　　　D. 居中

36. 在 Excel 2016 中，C7 单元格中有相对引用 "=SUM(C3:C6)"，把它复制到 E8 单元格后，双击它显示出_____。

A. =SUM(C3:C6)　　　　　　　　B. =SUM(C4:C7)

C. =SUM(E3:E6)　　　　　　　　D. =SUM(E4:E7)

37. 在 Excel 2016 工作表中，下列关于打印的说法错误的是_____。

A. 打印内容可以是整张工作表　　B. 可以指定打印范围

C. 可以一次性打印多份　　　　　D. 不可以打印整个工作簿

38. Excel 2016 工作表编辑栏中的 "fx" 表示_____。

A. 插入新单元格　　　　　　　　B. 取消公式栏中的编辑

C. 插入函数　　　　　　　　　　D. 删除编辑栏中的数据

39. 在 Excel 2016 中，以下说法不正确的是_____。

A. "数据"选项卡下的"数据验证"命令，可限制输入单元格中的数据类型及范围

B. "开始"选项卡中的"样式"组中，可为已选定的单元格区域设置系统提供的若干样式，用户也可以新建单元格样式

C. "审阅"选项卡中的"条件格式"命令，用于设置当单元格中的数据满足条件时，用所设定的格式显示数据

D. "开始"选项卡中的"字体"命令可设置单元格文字的字形、字号等

40. 在 Excel 2016 中，单元格的数值太长显示不下时，单元格内将显示一组_____。

A. !　　　　　　B. ?　　　　　　C. #　　　　　　D. *

41. 在 Excel 2016 中，下列叙述中不正确的是_____。

A. 文档以工作表为单位保存

B. 如果当前只有一个工作表，则不能隐藏，也不能删除

C. 工作表的行、列可以冻结

D. Excel 的数据可以来自其他数据源

42. 对 Excel 2016 中某一工作表执行删除操作时，下列说法中错误的是_____。

A. 该工作表的数据全部被删除

B. 用组合键 Ctrl+Z 撤销删除操作

C. 包含数据的工作表也可以删除

D. 该工作表不可恢复

43. 下列关于 Excel 2016 的说法中错误的是_____。

A. 单元格内部可以设置自动换行

B. 单元格内部文本的对齐方式可设置水平对齐方式及垂直对齐方式

C. 可以隐藏行，也可以隐藏列

D. 可以隐藏工作表，但是不能隐藏工作簿

44. 在 Excel 2016 中，下列关于单元格的"删除"和"清除"操作的描述不正确的是_____。

A. Delete 键的功能相当于删除单元格内容

B. 删除单元格内容后，不可以恢复

C. 清除单元格内容后，可以恢复

D. 删除单元格是指将单元格连同其中的数据一起从工作表中删除

45. Excel 2016 的管理功能中不包括_____。

A. 删除所有工作表　　　　　　　B. 删除工作表

C. 重命名工作表　　　　　　　　D. 移动工作表

二、多选题

1. 在 Excel 2016 工作表中，单元格的引用地址有_____。

A. 绝对引用　　　B. 相对引用　　　C. 混合引用　　　D. 三维引用

2. 向 Excel 2016 工作表的任一单元格输入内容后，必须确认后才认可，下列方法中，可以实现确认的有_____。

A. 双击该单元格　　　　　　　　B. 按回车键

C. 单击另一单元格　　　　　　　D. 按下编辑栏中的"√"按钮

3. 以下关于 Excel 2016 工作簿和工作表的叙述正确的是_____。

A. 一个工作簿可以包含至多 16 张工作表

B. 工作表的复制是完全复制，包括数据和排版格式

C. 工作表的移动或复制只限于本工作簿，不能跨工作簿进行

D. 保存了工作簿就等于保存了其中所有的工作表

4. 下列有关 Excel 2016 工作表中选择连续的单元格区域的操作正确的有_____。

A. 单击选定该区域的第一个单元格，然后按住 Shift 键再单击该区域的最后一个单元格

B. 单击选定该区域的第一个单元格,然后按住 Ctrl 键再单击该区域的最后一个单元格

C. 单击选定该区域的第一个单元格,然后拖动鼠标直至选定最后一个单元格

D. 单击选定该区域的第一个单元格,然后按住 Alt 键再单击该区域的最后一个单元格

5. 在 Excel 2016 工作表中，下列公式形式错误的有_____。

A. =B3*Sheet3! 2A　　　　　　B. =B3*%A2

C. =B3*Sheet3:A2　　　　　　D. =B3*$A2

6. 下列有关 Excel 2016 操作的说法正确的是_____。

A. 在某个单元格中输入 "'=8+1"，按回车键后显示 9

B. 在某个单元格中输入 "2/28"，按回车键后显示分数 1/14

C. 在 Excel 2016 中进行单元格复制时，可以只复制其格式

D. 若要在某工作表的第 D 列左侧一次插入两列，则首先选定第 D、E 列

7. 在 Excel 2016 中，要在单元格中输入-198,则正确的输入形式为_____。

A. 0-198　　　B. (-198)　　　C. (198)　　　D. -198

8. 在 Excel 2016 中,对于使用查找和替换操作,下列说法正确的是_____。

A. 可在批注中查找

B. 可以按行查找

C. 可以按列查找

D. 可以按行查找，但不可以按列查找

9. Excel 2016 工作簿的某一工作表被删除后，下列说法正确的是_____。

A. 该工作表中的数据全部被删除，不再显示

B. 可以用组合键 Ctrl+Z 撤销删除操作

C. 该工作表进入回收站，可以去回收站将工作表恢复

D. 该工作表被彻底删除，而且不可用"撤销"命令恢复

10. 已知在工作表某单元格中存在公式，选中此单元格后则可显示单元格公式_____。

A. 按 F2 键，单元格内显示公式

B. 编辑栏内显示公式

C. 按 F3 键，单元格内显示公式

D. 双击此单元格，单元格内显示公式

11. 在 Excel 2016 中，下列叙述正确的有_____。

A. Excel 2016 工作表中最多有 255 列

B. 按快捷键 Ctrl+S 可以保存工作簿文件

C. 文档的默认扩展名为 xlsx

D. 对单元格内容的"删除"与"清除"操作是相同的

12. 在 Excel 2016 中，下列有关图表的说法中正确的有_____。

A. 可以改变图表类型

B. 嵌入式图表和独立式图表可以相互转化

C. 不能删除图例

D. 可以修改图例格式

13. 在 Excel 2016 中，以下属于比较运算符号的有_____。

A. ><   B. =   C. <>   D. <=

14. 以下退出 Excel 2016 软件的方法中正确的有_____。

A. 按 Alt+F4 键

B. 双击 Excel 2016 标题栏左侧的控制图标

C. 选择"文件"选项卡里的"退出"命令

D. 选择"文件"选项卡里的"关闭"命令

15. 在 Excel 2016 中，下列有关单元格中输入数据的说法不正确的是_____。

A. 输入"0 6/7"后按回车键，则显示分数 6/7

B. 输入"(-398)"后按回车键，单元格内容默认右对齐

C. 输入"(398)"后按回车键，单元格内容默认左对齐

D. 输入"9,853,123"后按回车键，单元内容默认左对齐

16. 在 Excel 2016 中，如果在修改工作表中某一单元格内容的过程中，发现正在修改的单元格不是需要的单元格，这时，要恢复单元格原来的内容，可以

_____。

    A. 按 Esc 键   B. 单击"撤销"按钮

    C. 按 Tab 键   D. 单击编辑栏中的"×"按钮

17. 在 Excel 2016 中，清除一行内容的方法有_____。

    A. 选中该行行号，再按 Del 键

    B. 用鼠标将该行隐藏

    C. 用鼠标拖动功能

    D. 选中要清除的部分，单击"开始"→"编辑"→"清除"

18. 下列有关 Excel 2016 的说法正确的是_____。

    A. Excel 2016 的工作簿可以隐藏

    B. Excel 2016 的工作表可以隐藏，但是至少要保留一个不被隐藏

    C. Excel 2016 的行、列可以隐藏

    D. Excel 2016 中工作表可以全部隐藏

19. 在 Excel 2016 中，某区域由 A1、A2、A3、B1、B2、B3 六个单元格组成，下列可以表示该区域的是_____。

    A. A1:B3   B. A1:B1,A2:B3

    C. B2:A1,B3:A3   D. A3:B2

20. 若要在 Excel 2016 的 C1 单元格中放置 A1、A2、B1、B3 四个单元格数值的总和，则正确的写法是_____。

    A. =SUM(A1:B3)   B. =SUM(A1,A2,B1,B3)

    C. =(A1+A2+B1+B3)   D. =SUM(A1:A2,B1:B3)

21. 在 Excel 2016 单元格中，日期型数据"2018 年 2 月 22 日"的正确输入形式有_____。

    A. 2018-2-22   B. 2018/2/22   C. 2,22,2018   D. 2:22:2018

22. 在 Excel 费用明细表中，列标题为"日期""部门""姓名""报销金额"等，欲按部门统计报销金额，可用的方法有_____。

    A. 高级筛选   B. 分类汇总

    C. 用 SUMIF 函数计算   D. 条件格式

23. 在 Excel 2016 中，获取外部数据的数据源的方法有_____。

    A. 从 Access 的表对象中导入数据

    B. 从网页或文本文件导入数据

    C. 从 XML 文件中导入数据

    D. 从 SQL Server 中导入数据

24. 在 Excel 2016 工作表中，借助于"设置单元格格式"对话框中的选项卡可以设置单元格的_____。

    A. 列宽   B. 保护   C. 填充   D. 行高

25. 在 Excel 2016 中，关于某行行高的调整方法，下列说法正确的是_____。

    A. 可利用选择性粘贴单独复制其他行的行高

    B. 拖动行标题的上边界来设置所需行高

笔记

C. 选定相应的行，点击鼠标右键选择"行高"命令，并输入所需要的值

D. 双击行标题下方的边界，使行高适合单元格中的内容

三、填空题

1. 在 Excel 2016 中，如果要冻结 1~2 列，则先选定第_____列，然后选择"视图"选项卡"窗口"组中的"冻结窗格"命令。

2. 在 Excel 2016 中，要在一个单元格内输入日期时间时，中间必须用_____隔开。

3. 在 Excel 2016 中，在默认状态下，日期和时间型数据在单元格中的对齐方式为_____。

4. 在 Excel 2016 中，图表分为两种：一种是_____图表；另一种是独立式图表。

5. 在 Excel 2016 单元格中输入当前时间的快捷键是_____。

6. 在 Excel 2016 中，筛选并不是重排清单，而是暂时_____不必显示的行。

7. 在 Excel 2016 中，要对某一字段进行分类汇总，必须首先按分类字段进行_____。

8. 在 Excel 2016 中，输入公式必须以_____开头。

9. 在 Excel 2016 中，绝对引用的符号是_____。

10. 在 Excel 2016 中，迷你图有三种类型，分别是折线图、柱形图和_____。

11. 在 Excel 2016 中，D5 单元格中有公式"=A5+$B$4"，删除第 2 行、第 3 行后，D3 单元格中的公式是_____。

12. 在单元格中出现了"#DIV/0!"标记，说明单元格出现了_____现象。

13. 在 Excel 2016 中，单元格地址会随位置的改变而改变，这称为_____引用。

14. 在 Excel 2016 中，要选择整行，可以单击该行的_____。

15. Excel 2016 中，选中一个单元格后，则在该单元格的右下角有一个黑色小方块，称为_____。

16. 在 Excel 2016 中，COUNTIF 是为统计区域中_____的单元格个数的函数。

17. 在 Excel 2016 中，插入新工作表的快捷键是_____。

18. 在 Excel 2016 工作表中选定某区域，输入数值后，按下_____键即可向该区域所有单元格中输入相同的内容。

19. 在 Excel 2016 中，在单元格中输入公式"=2&2"后，其返回值的默认对齐方式是_____对齐。

20. Excel 2016 文档存盘时默认的扩展名为_____。

21. 在 Excel 2016 工作表中，公式"=Sum(Al:A4 A3:A8)"将对_____个单元格求和。

22. 在单元格中出现了"#REF!"标记,说明出现单元格_____的现象。

23. 在 Excel 2016 中,一个工作簿文件最少包含_____张工作表。

24. 在 Excel 2016 中,单元格中输入公式 "=2+"2"" 后,其返回值的默认对齐方式是_____对齐。

25. 在 Excel 2016 的表格中,已知 B 列存放成绩,若公式 "=COUNTIF(B2:B100,">90")" 的值为 2,则其含义为_____。

四、操作题

小李使用 Excel 2016 在新工作簿中建立了如下图所示的员工工资表,请结合所学知识回答下列问题。

	A	B	C	D	E	F	G	H	I
1	员工	工资明细表							
2	员工编号	姓名	性别	基本工资	工龄工资	奖金	出勤扣款	应扣保费	应发工资
3	KB001	蔡静静		2950	2800	0	80	324.5	
4		陈曦		3400	2500	0	20	319	
5		王松		2250	1400	0	20	247.5	
6		吕芬		4500	1500	0	80	137.5	
7		高泽		2950	2500	0	20	324.5	
8		岳浩		2550	1300	0	50	280.5	
9		李雪		1950	1400	0	30	214.5	
10		陈山山		4700	1500	200	0	170.5	
11		李妮		2550	1900	200	0	280.5	
12		王丽君		2150	1700	200	0	236.5	
13		吴小波		2100	1100	0	50	231	
14		黄小铭		2100	1000	200	0	231	
15		丁锐松		2100	2000	0	50	231	
16		庄红霞		1850	1100	200	0	203.5	
17		黄米莉		1850	1600	200	0	203.5	
18	合计								

1. 小李利用"合并后居中"命令对 A1:K1 单元格区域进行合并操作后,合并后的单元格中显示的内容为_____。

　　A. 员工　　　　　　　　　　B. 工资明细表

　　C. 无内容　　　　　　　　　D. 员工工资明细表

2. 员工编号的前两位为 KB,后 3 位为 001∽015。现在已知蔡静静的员工编号为 KB001,要求依次填充其他人员的员工编号。下列操作中可以实现的是_____。

　　A. 单击 A3 单元格的填充柄

　　B. 拖动 A3 单元格的填充柄至 A17 单元格

　　C. 选定 A3:A17 单元格区域,单击"开始"→"编辑"→"向下"

　　D. 按住 Ctrl 键的同时拖动 A3 单元格的填充柄至 A17 单元格

3. 小李需要在"性别"字段中填写内容,为了防止输入除"男""女"之外的内容,小李应该使用_____。

　　A. "开始"选项卡中的"条件格式"命令

　　B. "文件"选项卡中的"自动更正"命令

　　C. "公式"选项卡中的"名称管理器"命令

　　D. "数据"选项卡中的"数据验证"命令

4. 要在 I18 单元格内计算应发工资总和,应使用公式_____。

　　A. SUM(I3:I17)　　　　　　　B. =SUMIF(I3:I17)

笔记

C. =SUM(I3:I17)   D. SUMIF(I3:I17)

5. 要想筛选出基本工资大于 2 500 或者工龄工资大于 2 500 的记录，条件区应设置为_____。

A.
基本工资	工龄工资
>2500	>2500

B.
基本工资	工龄工资
>2500	
	>2500

C.
基本工资	>2500
工龄工资	>2500

D.
基本工资	>2500		
		工龄工资	>2500

➤ 项目四

一、单选题

1. PowerPoint 2016 是一个_____软件。

A. 文字处理   B. 演示文稿制作 C. 图形处理   D. 表格处理

2. 下列有关幻灯片和演示文稿的说法中不正确的是_____。

A. 幻灯片是 PowerPoint 中包含有文字、图形、图表、声音等多媒体信息的图片

B. 幻灯片可以单独以文件的形式存盘

C. 一个演示文稿文件可以包含一张或多张幻灯片

D. 一个演示文稿文件可以不包含任何幻灯片

3. PowerPoint 2016 在保存新建的演示文稿时，会自动在用户键入的文件名后加上扩展名_____。

A. pptx   B. potx   C. ppsx   D. pptm

4. PowerPoint 2016 放映文件的扩展名为_____。

A. pptx   B. ppvx   C. ppsx   D. pttx

5. 在 PowerPoint 2016 中，对幻灯片的重新排序、幻灯片间定时和过渡、加入和删除幻灯片以及整体构思幻灯片都特别有用的视图是_____。

A. 阅读视图   B. 备注视图

C. 幻灯片浏览视图   D. 普通视图

6. 在 PowerPoint 2016 中，下列说法错误的是_____。

A. 将图片插入幻灯片中后，用户可以对这些图片进行必要的操作

B. 可裁剪图片、添加边框和调整图片的亮度及对比度

C. 插入形状时，可插入动作按钮

D. 对图片进行修改后不能恢复原状

7. 在 PowerPoint 2016 中，不能完成对个别幻灯片进行设计或修饰的对话框是_____。

A. 背景   B. 应用模板   C. 幻灯片版式   D. 主题颜色

8. 在 PowerPoint 2016 中，母版类型中不包括_____。

A. 幻灯片母版   B. 演示文稿母版 C. 备注母版   D. 讲义母版

9. 在 PowerPoint 2016 中，对于已创建的多媒体演示文稿可以用_____在没有 PowerPoint 的机器上放映。

A. 将演示文稿打包成 CD   B. 共享

C. 复制　　　　　　　　　　　　　　D. 幻灯片放映

10. PowerPoint 2016 可保存为多种文件格式，下列不属于此类文件格式的是_____。

A. PPTX　　　　　　B. POTX　　　　　　C. PSD　　　　　　D. HTML

11. PowerPoint 2016 提供了多种演示文稿视图，下列不属于演示文稿视图的是_____。

A. 备注页视图　　　　　　　　　　B. 普通视图
C. 幻灯片浏览视图　　　　　　　　D. 幻灯片模版视图

12. 在 PowerPoint 2016 普通视图的"大纲"选项卡中，可以显示_____。

A. 文字　　　　　　B. 图形　　　　　　C. 色彩　　　　　　D. 以上都行

13. 关于 PowerPoint 2016 中的节，下列说法正确的是_____。

A. 节就是文件夹
B. 同一节内的幻灯片可以整体移动
C. 节内幻灯片必须版式统一
D. 节的名称自动生成，不能修改

14. 在 PowerPoint 2016 中，下列有关插入多媒体素材的说法错误的是_____。

A. 可以插入硬盘上的视频文件　　　B. 可以现场录制旁白
C. 声音可以跨幻灯片播放　　　　　D. 声音不可跨幻灯片播放

15. 在 PowerPoint 2016 中，在_____视图中用户可以看到界面变成上下两半，上面是幻灯片，下面是文本框，可以记录演讲者讲演时所需的一些提示重点。

A. 备注页　　　　B. 浏览　　　　C. 幻灯片　　　　D. 黑白

16. 在 PowerPoint 2016 中，以下说法中不正确的是_____。

A. PowerPoint 2016 提供了联机演示的功能，允许任何人使用链接观看幻灯片放映
B. 退出 PowerPoint 2016 前，如果文件没有保存，退出时将会出现对话框提示存盘
C. 利用"重用幻灯片"命令，可将其他演示文稿中的幻灯片插入当前演示文稿中
D. 用户无法修改功能区包含的功能

17. 在 PowerPoint 2016 的演示文稿中插入新幻灯片的快捷键是_____。

A. Ctrl+N　　　　　　B. Ctrl+M　　　　　　C. Ctrl+W　　　　D. Ctrl+P

18. 在 PowerPoint 2016 中，演示文稿存盘时不能保存为以下_____文件类型。

A. POTX　　　　　　B. PPTX　　　　　　C. TXT　　　　　　D. RTF

19. 在 PowerPoint 2016 中，从当前幻灯片开始播放演示文稿的快捷键是_____。

A. Enter　　　　　　B. Alt+F5　　　　　　C. Ctrl+ F5　　　D. Shift+F5

20. 下列有关 PowerPoint 2016 幻灯片外观修饰的说法中，错误的是

_____。

A. 设置幻灯片背景时，可设置纯色填充，也可以设置渐变填充、底纹、图案等

B. 不可设置备注页或讲义的背景

C. 通过设置母版，可以设置幻灯片的格式，包括文本格式、占位符属性、主题颜色等

D. 通过设置主题，可设置演示文稿的颜色搭配、字体格式化及特效

21. 在 PowerPoint 2016 中，要同时选择第 1、第 2、第 5 三张幻灯片，应该在_____视图下操作。

A. 普通　　　　　　B. 大纲　　　　　　C. 幻灯片浏览　　D. 备注

22. 关于 PowerPoint 2016 的母版，下列说法不正确的是_____。

A. 幻灯片母版包括一个主版式和多个其他版式

B. 可向幻灯片母版中插入占位符

C. 在"幻灯片母版"选项卡中不能进行背景设置

D. 可以插入新的幻灯片母版

23. 关于 PowerPoint 2016 幻灯片的切换，下列说法正确的是_____。

A. 不可以对单张幻灯片进行切换设置

B. 可设置切换音效

C. 只能用鼠标单击切换

D. 以上全对

24. 关于 PowerPoint 2016 中母版的修改，下列说法正确的是_____。

A. 母版不能修改　　　　　　　　B. 幻灯片编辑状态就可以修改

C. 进入母版编辑状态就可以修改　　D. 以上说法都不对

25. 关于 PowerPoint 2016 的动画设置，下列说法正确的是_____。

A. 可以调整动画播放顺序　　　　　B. 可以自定义动画路径

C. 可以设置音效　　　　　　　　　D. 以上都对

26. 在 PowerPoint 2016 中，从头开始播放演示文稿的快捷键是_____。

A. Enter　　　　　　B. F5　　　　　　C. Shift+ F5　　　　D. Ctrl+F5

27. 在 PowerPoint 2016 中，对幻灯片中的对象进行动画设置的描述不正确的是_____。

A. 设置动画时可以改变对象出现的先后顺序

B. 每一个对象只能设置动画效果，不能设置声音效果

C. 幻灯片中各对象设置的动画效果可以不一致

D. 幻灯片中各对象可以不进行动画设置

28. 在 PowerPoint 2016 中，可以为一种元素设置_____动画效果。

A. 一种　　　　　　　　　　　　　B. 不多于两种

C. 多种　　　　　　　　　　　　　D. 以上都不对

29. 在 PowerPoint 2016 中，插入的超链接不可以链接到_____。

A. 现有文件或网页　　　　　　　　B. 本文档中的位置

C. 电子邮件地址　　　　　　　　　D. 某张幻灯片中的图片

30. 默认情况下，PowerPoint 2016 以＿＿＿＿＿＿视图显示。

    A. 阅读　　　　　B. 幻灯片放映　　C. 幻灯片浏览　　D. 普通

31. PowerPoint 2016 的幻灯片放映类型不包括＿＿＿＿＿＿＿。

    A. 演讲者放映（全屏幕）　　　　　B. 观众自行浏览（窗口）

    C. 在展台浏览（全屏幕）　　　　　D. 动画形式（窗口）

32. 在 PowerPoint 2016 中，关于动画设置，下列说法正确的是＿＿＿＿＿。

    A. 可以调整多个动画播放的顺序　　B. 可以设置动画播放的时间

    C. 可以为动画设置声音效果　　　　D. 以上都对

33. 在 PowerPoint 2016 中，可以为一种元素设置＿＿＿＿＿＿动画效果。

    A. 多种　　　　　　　　　　B. 不多于两种

    C. 只能一种　　　　　　　　D. 以上都不对

34. 在 PowerPoint 2016 中，在幻灯片中添加动作按钮是为了＿＿＿＿＿。

    A. 演示文稿内幻灯片的跳转功能

    B. 出现动画效果

    C. 用动作按钮控制幻灯片的制作

    D. 用动作按钮控制幻灯片的统一外观

35. PowerPoint 2016 提供了屏幕截图功能，其作用是＿＿＿＿＿。

    A. 截取当前的幻灯片到剪贴板

    B. 截取当前演示文稿的图片到剪贴板

    C. 截取当前桌面的图片到 PowerPoint 2010 演示文稿

    D. 插入已经打开窗口的快照，并且可以进行剪辑编辑

36. 下列有关播放 PowerPoint 2016 演示文稿的控制方法中错误的是＿＿＿＿＿＿。

    A. 可以用退格键 Backspace 切换到上一张

    B. 可以先输入一个数字，再按回车键切换到某一张

    C. 可以用空格键或回车键切换到下一张

    D. 可以按任意键切换到下一张

37. 下列有关 PowerPoint 2016 演示文稿播放控制方法的描述错误的是＿＿＿＿＿＿。

    A. 可以用键盘控制播放

    B. 可以用鼠标控制播放

    C. 单击鼠标左键，幻灯片可切换到下一张，也可以切换到上一张

    D. 按"↓"键切换到下一张，按"↑"键切换到上一张

38. 在 PowerPoint 2016 中，设置幻灯片背景是在＿＿＿＿＿＿选项卡中。

    A. "开始"　　　　B. "设计"　　　　C. "插入"　　　　D. "视图"

39. 关于 PowerPoint 2016 的视图，下列说法中错误的是＿＿＿＿＿。

    A. 普通视图是主要的编辑视图，可用于撰写或设计演示文稿，它有三个工作区域

    B. 幻灯片放映视图用于播放演示文稿

    C. 在将演示文稿另存为 PowerPoint 放映文件时，将切换到幻灯片放映

视图

D. 幻灯片浏览视图是以缩略图形式显示幻灯片的视图

40. PowerPoint 中的母版用于设置文稿预设格式，它实际上是类幻灯片样式，改变母版可能影响基于该母版的_____幻灯片。

A. 每张 　　　　　　　　　B. 当前

C. 当前幻灯片之后的所有 　　　D. 当前幻灯片之前的所有

41. 要对 PowerPoint 2016 演示文稿中某张幻灯片的内容及格式进行详细编辑，可用_____。

A. 普通视图 　　　　　　　　B. 备注页视图

C. 幻灯片浏览视图 　　　　　D. 阅读视图

42. 在 PowerPoint 2016 中，只有在_____视图下，"超级链接"功能才起作用。

A. 幻灯片放映 　B. 普通 　　C. 幻灯片浏览 　D. 备注页

43. 在 PowerPoint 2016 中，_____以缩略图的形式显示演示文稿中的所有幻灯片，用于组织和调换幻灯片的顺序。

A. 普通视图 　　　　　　　　B. 幻灯片放映视图

C. 幻灯片浏览视图 　　　　　D. 备注页视图

44. 下列有关 PowerPoint 2016 的设置的说法不正确的是_____。

A. 可以隐藏幻灯片

B. 可以录制幻灯片的演示过程

C. 播放演示文稿时，可以改变激光笔的颜色

D. 播放演示文稿时，按下 Shift+鼠标左键可以显示激光笔

45. 在 PowerPoint 2016 中，下列说法正确的是_____。

A. 只有在播放幻灯片时，才能看到影片效果

B. 插入的视频文件在 PowerPoint 2016 中不能进行剪裁

C. 在设置影片为"单击播放影片"属性后，放映时用鼠标单击会播放影片，再次单击则停止影片播放

D. 在 PowerPoint 2016 中播放的影片文件，只能在播放完毕后才能停止

46. 在 PowerPoint 2016 中，对幻灯片的方向进行设置需在_____选项卡中找到"幻灯片方向"命令。

A."开始" 　　　B."插入" 　　　C."视图" 　　　D."设计"

47. 在 PowerPoint 2016 中打印幻灯片时，下列说法中错误的是_____。

A. 被设置了演示时隐藏的幻灯片也能打印出来

B. 打印时可将备注内容打印出来

C. 打印时只能打印一份

D. 打印时可按讲义形式打印

48. 在 PowerPoint 2016 中，要想在一个屏幕上同时显示两个演示文稿并进行编辑，下列方法正确的是_____。

A. 无法实现

B. 打开一个演示文稿，选择"插入"选项卡中的"幻灯片"

C. 打开两个演示文稿，选择"视图"选项卡中的"全部重排"

D. 打开两个演示文稿，选择"切换"选项卡中的"换片方式"

49. 在 PowerPoint 2016 中，下列说法中错误的是_____。

A. 可以在浏览视图中更改某张幻灯片上动画对象的出现顺序

B. 可以在普通视图中更改某张幻灯片上动画对象的出现顺序

C. 可以在浏览视图中设置幻灯片切换效果

D. 可以在普通视图中设置幻灯片切换效果

50. 下列关于 PowerPoint 2016 幻灯片的说法不正确是_____。

A. 可以添加和更改幻灯片编号、日期、时间等

B. 可以更改页眉、页脚的位置和外观

C. 可以更改幻灯片的大小

D. 幻灯片的起始编号可以从-1 开始

51. 在 PowerPoint 2016 中，选中要用作超链接的对象，按_____键即可出现"插入超链接"对话框。

A. Ctrl+K   B. Ctrl+Y   C. Ctrl+S   D. Ctrl+M

52. 在 PowerPoint 2016 中，对于已创建的多媒体演示文档，可以使用_____命令到其他未安装 PowerPoint 的机器上放映。

A. "文件"→"打包"   B. 文件/导出

C. 文件/发送   D. 幻灯片放映/设置幻灯片放映

53. PowerPoint 2016 提供了动画刷功能，其作用是_____。

A. 类似于格式刷，只不过它针对动画效果，设置的动画可以非常方便地运用于其他对象

B. 将系统默认的动画效果运用于指定的对象

C. 单击后，会将全部幻灯片套用同一动画效果

D. 单击后，会将全部幻灯片的动画效果取消

54. 幻灯片母版设置可以起到的作用是_____。

A. 设置幻灯片的放映方式

B. 定义幻灯片的打印页面设置

C. 设置幻灯片的片间切换

D. 统一设置整套幻灯片的标志图片或多媒体元素

55. 在 PowerPoint 2016 中，要使幻灯片在放映时能够自动播放，需要为其设置_____。

A. 超级链接   B. 动作按钮   C. 动画   D. 排练计时

56. 在 PowerPoint 2016 中保存文件时，如果将演示文稿保存为_____格式的文件，则用户双击该文件名就可以直接播放演示文稿。

A. PPTX   B. JPG   C. HTM   D. PPSX

57. PowerPoint 2016 的"开始"选项卡中，"重置"按钮的作用是_____。

A. 撤销上一步刚完成的操作

B. 撤销背景、切换效果和动画效果

C. 将占位符位置、大小和格式重置为默认

D. 将背景、切换效果和动画效果重置为默认

58. 在 PowerPoint 2016 中，下列关于备注页视图的说法正确的是_____。

A. 只显示备注窗格的内容，不显示幻灯片

B. 可以方便地编辑备注文本内容

C. 不可以对文本进行格式设置

D. 不可以插入表格、图表

59. 启动 PowerPoint 2016 后，按_____键可快速创建空白演示文稿。

A. Ctrl+H   B. Ctrl+N   C. Ctrl+M   D. Ctrl+O

60. 关于 PowerPoint 2016 幻灯片母版的使用，下列说法中不正确的是_____。

A. 通过对母版的设置可以控制幻灯片中不同部分的表现形式

B. 通过对母版的设置可以预定义幻灯片的前景颜色、背景颜色和字体大小

C. 修改母版不会对演示文稿中任何一张幻灯片带来影响

D. 标题母版为使用标题版式的幻灯片设置了默认格式

二、多选题

1. 在 PowerPoint 2016 中，关于幻灯片中插入的声音，下列说法中正确的是_____。

A. 可以来自 PC 电脑上的音频   B. 可以自己录制音频

C. 不可循环播放   D. 不可跨幻灯片播放

2. 下列各项可以作为幻灯片背景的是_____。

A. 图案   B. 动画   C. 纹理   D. 超链接

3. 在 PowerPoint 2016 的幻灯片浏览视图中，可进行的操作是_____。

A. 复制幻灯片   B. 幻灯片文本内容的编辑修改

C. 设置幻灯片的切换效果   D. 对幻灯片元素进行动画设置

4. 下列有关调整幻灯片位置的说法正确的是_____。

A. 在幻灯片浏览视图中，可直接用鼠标拖动到合适位置

B. 在普通视图中，可直接用鼠标拖动到合适位置

C. 可以用"剪切"和"粘贴"的方法

D. 以上操作都不对

5. 在 PowerPoint 2016 中，下列各项中_____不能控制幻灯片外观一致的方法。

A. 版式   B. 主题   C. 幻灯片视图   D. 背景

6. 在 PowerPoint 2016 的"设计"选项卡中，可以自定义_____。

A. 幻灯片大小   B. 背景格式

C. 演示文稿方向   D. 主题

7. 在 PowerPoint 2016 中，可以改变幻灯片播放顺序的技术有_____。

A. 超链接技术   B. 动作设置   C. 动画设置   D. 切换设置

8. 在使用 PowerPoint 2016 的幻灯片放映视图放映演示文稿的过程中，结束放映的方法有_____。

    A. 按 Esc 键

    B. 右击，从弹出的快捷菜单中选"结束放映"

    C. 按 Ctrl+E 键

    D. 按回车键

9. 关于在 PowerPoint 2016 中插入图像及插图，下列说法中错误的是_____。

    A. 可以插入图片、剪贴画

    B. 能够实现屏幕截图

    C. 可以基于硬盘上的多个图片，制作相册

    D. 支持图表的插入

10. 在 PowerPoint 2016 中，"超级链接"命令不可以实现_____。

    A. 幻灯片之间的跳转　　　　　　　B. 演示文稿幻灯片的移动

    C. 打开了一个互联网网页　　　　　D. 在演示文稿中插入幻灯片

11. 在 PowerPoint 2016 中，以下描述正确的是_____。

    A. 可以插入文本、图片、音频、视频等

    B. 一个对象只能设置一种动画效果

    C. 设置超级链接时，其链接对象可以是幻灯片的某个对象

    D. 普通视图是默认视图，用户可在幻灯片窗格中编辑幻灯片

12. 在 PowerPoint 2016 中，可以实现演示文稿播放的快捷键有_____。

    A. Enter　　　　　　B. F5　　　　　　C. Alt+Enter　　　　　D. Shift+F5

13. 在 PowerPoint 2016 中，为对象设置动作时"动作设置"对话框的两个选项是_____。

    A. 单击鼠标　　　B. 双击鼠标　　　C. 鼠标悬停　　　D. 光标定位

14. 在 PowerPoin 2016 中，下列有关节的说法错误的是_____。

    A. 默认情况下，一个演示文稿只有一个节

    B. 可以新增节，也可以删除节

    C. 可以移动节，也可以折叠节

    D. 可以对节重新命名

15. 下列有关 PowerPoint 2016 演示文稿更改文件类型的说法错误的是_____。

    A. 可以创建视频文件

    B. 不能将 Word 2016 文档导入演示文稿

    C. 可以将演示文稿打包

    D. 可以创建音频文件

16. PowerPoint 2016 中，有关放映幻灯片，下列说法正确的是_____。

    A. 可以从头开始播放幻灯片　　　　B. 可以从当前幻灯片播放

    C. 不能通过网络播放幻灯片　　　　D. 不能自定义幻灯片放映

17. 关于 PowerPoint 2016 中的动画效果，下列说法错误的有_____。

笔记

    A. 不可以为多个对象同时添加同一效果

    B. 不可以为一个对象添加多个动画效果

    C. 添加动画效果后不可以再改变

    D. 可以使用动画刷复制动画效果

18. PowerPoint 2010 中，在"切换"选项卡中可以进行的操作有_____。

    A. 设置幻灯片的切换效果   B. 设置幻灯片的换片方式

    C. 设置幻灯片对象的动画效果   D. 设置幻灯片的版式

19. 下列有关 PowerPoint 2016 母版的操作正确的是_____。

    A. 通过"视图"选项卡，执行"幻灯片母版"命令，即可编辑幻灯片母版

    B. 可以插入新的幻灯片母版，也可以插入新的版式

    C. 可以插入新的幻灯片母版，但无法插入新的版式

    D. 可以插入形状，也可以插入占位符

20. 关于 PowerPoint 2016，以下说法正确的是_____。

    A. 通过"开始"选项卡，用户可以新建幻灯片，可以进行版式选择

    B. 通过"文件"选项卡的"新建"命令，用户可以新建幻灯片

    C. 对已经存在的幻灯片，可以重新设置其版式

    D. 可以通过"新建幻灯片"下的"重用幻灯片"命令复制其他演示文稿中的幻灯片

三、填空题

1. 利用 PowerPoint 2016 制作出来的、由一张张幻灯片组成的文件称为_____，其默认扩展名为 pptx。

2. 在 PowerPoint 2016 的各种视图中，显示单个幻灯片以进行文本编辑的视图是_____。

3. PowerPoint 2016 中，通过添加_____按钮和创建超链接都可以控制幻灯片的播放顺序。

4. PowerPoint 2016 中创建具有个人特色的设计模板的扩展名为_____。

5. 在 PowerPoint 2016 中，在"设计"选项卡的"变体"组中包括一组主题颜色、一组主题字体、一组主题效果以及_____。

6. PowerPoint 2016 中，制作具有交互功能的演示文稿，可以利用_____和动作设置来实现。

7. 在 PowerPoint 2016 中，_____是模板的一部分，用于定义演示文稿中所有幻灯片的格式，包括文本及各种对象的位置、大小、样式及主题效果等。

8. 在 PowerPoint 2016 中，标题、正文、图形等对象在幻灯片上所预先定义的位置被称为_____。

9. PowerPoint 2016 的母版分为_____、讲义母版和备注母版三类。

10. PowerPoint 2016 可以使用_____管理幻灯片，就像使用文件夹来组织文件一样，从而达到了分类和导航的效果。

11. 在 PowerPoint 2016 中，使用_____可以将某对象具有的动画效果

复制到另一对象上去。

12. 在 PowerPoint 2016 中，一个演示文稿制作完成后，借助于_____功能可以将该演示文稿制作成一个应用程序，以便在没有安装 PowerPoint 2016 的计算机上演示。

13. PowerPoint 2016 中的动画效果有四类，即_____、强调动画、退出动画和动作路径动画。

14. 在 PowerPoint 2016 中，_____视图可根据窗口大小播放幻灯片，不需要全屏放映。

15. 对 PowerPoint 2016 的幻灯片进行选择、插入、复制、移动和删除等操作时，最方便的操作视图是_____。

16. 在 PowerPoint 2016 中设置幻灯片背景时，单击"全部应用"按钮，可将新的设置应用于_____。

17. 在 PowerPoint 2016 中，_____是指对幻灯片中的标题、文字、图片、背景等项目设定一组配置，包括颜色、字体和效果等。

18. 在 PowerPoint 2016 中，_____就是预先设计好的演示文稿样本，包括多种幻灯片，表达了特定的提示内容，而且所有幻灯片主题相同，保证了整个演示文稿外观统一 。

19. PowerPoint 2016 提供了_____功能，可跟踪每张幻灯片的播放时间并相应地设置时间，从而为演示文稿估计一个播放时间，以用于自动放映。

20. 在 PowerPoint 2016 中，如果要在演示过程中中止幻灯片的演示，可按_____键。

四、操作题

小王利用 PowerPoint 2016 制作了一个如下图所示的演示文稿文件，请结合所学知识，回答下列问题。

1. 这是以_____视图方式显示的内容。

　A. 幻灯片放映视图　　　　　　　B. 普通视图

　C. 幻灯片浏览视图　　　　　　　D. 阅读视图

2. 图中幻灯片有一个五星标记，表示_____。

　A. 只为幻灯片中某些对象添加了动画效果

　B. 只设置了幻灯片的切换效果

　C. 可能设置了播放效果

D. 为幻灯片中某些对象添加了动画效果，或者为幻灯片添加了切换效果

3. 要插入在各张幻灯片相同位置都显示的小图片，应在_____中进行设置。

    A. 画图工具-格式   B. 幻灯片母版   C. 幻灯片背景   D. 视图

4. 在一张 PowerPoint 2016 幻灯片播放后，要使下一张幻灯片内容的出现呈"帘式"效果，应_____。

    A. 单击"动画"选项卡，利用"添加动画"进行设置

    B. 单击"幻灯片放映"选项卡，利用"设置幻灯片放映"进行设置

    C. 单击"切换"选项卡，利用"计时"组中的"换片方式"进行设置

    D. 单击"切换"选项卡，利用"切换到此幻灯片"进行设置

5. 若要在打开的当前幻灯片中反映实际的日期和时间，可在"插入"选项卡的"文本"组中勾选"日期和时间"项，在弹出的"页眉和页脚"对话框中选中_____。

    A. "编辑时间"   B. "固定"   C. "自动更新" D. "插入"

6. 若仅将第三张幻灯片的主题设为"剪切"，下列操作正确的是_____。

    A. 选中第三张幻灯片，在"设计"选项卡的"主题"组右击"剪切"，选择"应用于选定幻灯片"

    B. 选中第三张幻灯片，在"设计"选项卡的"主题"组右击"剪切"，选择"应用于所有幻灯片"

    C. 选中第三张幻灯片，在"设计"选项卡的"主题"组单击"剪切"

    D. 右击第三张幻灯片，选择快捷菜单里的"重设幻灯片"

➢ 综合练习题

一、单选题

1. 下图所示的计算机部件是下列选项中的_____。

    A. CPU   B. 内存   C. 网卡   D. 主板

2. 下列有关窗口的描述错误的是_____。

    A. 应用程序窗口最小化后转为后台执行

    B. Windows 窗口顶部通常是标题栏

    C. Windows 桌面上显示的是活动窗口

    D. 拖拽窗口标题栏可以移动窗口

3. 关于在 Windows 系统中删除 U 盘中的文件，下列说法正确的是_____。

    A. 可通过回收站还原   B. 可通过撤销操作还原

    C. 可通过剪贴板还原   D. 文件彻底删除，无法还原

4. 关于 Word 2016 中的项目符号和编号，下列说法错误的是_____。

笔记

A. 可以使用"插入"选项卡插入项目符号和编号

B. 可以设置编号的起始页码和编号样式

C. 可自定义项目符号为符号或图片

D. 可自定义项目符号和编号的字体颜色

5. 在 Word 2016 中，要使下图所示的图形能够自动编号，应插入_____。

A. 批注   B. 尾注   C. 题注   D. 脚注

6. 在 Word 2016 中，要对文档的各级别标题及正文进行顺序调整，最方便的操作视图是_____。

A. 大纲视图   B. 普通视图

C. 页面视图   D. Web 版式视图

7. 在 Excel 2016 中，单元格显示"#####"的原因可能是_____。

A. 数据类型错误   B. 单元格当前宽度不够

C. 公式引用错误   D. 单元格当前高度不够

8. 关于 Excel 2016 工作簿和工作表，下列描述错误的是_____。

A. 工作簿由若干个工作表组成

B. 新建的工作簿一般包括 3 个工作表

C. 工作簿文件的扩展名是 xlsx

D. 工作簿可以没有工作表

9. 关于 Excel 2016 的高级筛选，下列说法错误的是_____。

A. 可以将高级筛选结果复制到其他位置

B. 可以在原有数据区域显示筛选结果

C. 同一条件行不同单元格中的条件为"与"逻辑关系

D. 不同条件行不同单元格中的条件为"与"逻辑关系

10. 在 PowerPoint 2016 中方便添加、删除、移动幻灯片的视图是_____。

A. 幻灯片放映视图   B. 幻灯片浏览视图

C. 备注页视图   D. 阅读视图

11. 在 PowerPoint 2016 中，下列有关幻灯片母版的说法正确的是_____。

A. 一个演示文稿至少有一个幻灯片母版

B. 一个演示文稿只能有一个幻灯片母版

C. 一个演示文稿可以没有幻灯片母版

D. 演示文稿的母版就是指幻灯片母版

12. 在 PowerPoint 2016 中，下列关于隐藏幻灯片的说法中正确的是_____。

A. 隐藏的幻灯片被删除

B. 隐藏的幻灯片不能被编辑

C. 隐藏的幻灯片播放时不显示

D. 隐藏的幻灯片播放时显示空白页

13. Access 2016 数据库属于_____。

A. 关系数据库　　　　　　　　　　B. 层次数据库

C. 网状数据库　　　　　　　　　　D. 非结构化数据库

14. 一个团支部有多名团员，一名团员只属于一个团支部，那么团支部实体与团员实体之间的联系属于_____。

A. 一对一　　　B. 一对多　　　C. 多对一　　　D. 多对多

15. 下列网络中，覆盖范围最小的是_____。

A. LAN　　　B. WAN　　　C. MAN　　　D. Internet

16. CAI 的中文含义是_____。

A. 计算机辅助教学　　　　　　　　B. 计算机辅助设计

C. 计算机辅助制造　　　　　　　　D. 计算机辅助工程

17. 下列属于视频文件格式的是_____。

A. BMP　　　B. MOV　　　C. JPG　　　D. WMA

18. 关于 GIF 格式和 PNG 格式图像的区别，下列说法正确的是_____。

A. GIF 格式和 PNG 格式图像都支持动画

B. GIF 格式和 PNG 格式图像都不支持动画

C. GIF 格式图像支持动画，PNG 格式图像不支持动画

D. GIF 格式图像不支持动画，PNG 格式图像支持动画

19. 下列有关区块链的描述中错误的是_____。

A. 区块链采用分布式数据存储

B. 区块链中的数据签名采用对称加密

C. 区块链中的信息难以篡改，可以追溯

D. 比特币是区块链的典型应用

20. 下列行为中，符合计算机网络道德的是_____。

A. 给自己电脑设密码

B. 随意修改他人的计算机设置

C. 通过网络打扰他人的计算机工作

D. 在网络上发布垃圾信息

21. 与十进制数 100 等值的二进制数是_____。

A. 0010011　　　B. 1100010　　　C. 1100100　　　D. 1100110

22. Windows 10 操作系统是_____。

A. 单用户单任务系统　　　　　　　B. 单用户多任务系统

C. 多用户多任务系统　　　　　　　D. 多用户单任务系统

23. 在 Excel 2016 中，对数据表做分类汇总前必须先_____。

A. 任意字段排序　　　　　　　　　B. 对分类字段进行排序

C. 进行筛选排序　　　　　　　　　D. 更改其数据格式

24. 下列有关绿色软件和非绿色软件的说法中正确的是_____。

A. 绿色软件一般不需要安装　　　　B. 绿色软件都是免费的

C. 绿色软件都可以正确运行　　　　D. 非绿色软件必须购买使用

25　在计算机领域中，通常用 MIPS 来描述计算机的_____。

A. 运算速度　　　　B. 可靠性　　　　C. 可运行性　　　　D. 可扩充性

26. 一条计算机指令中，规定其执行功能的部分称为_____。

A. 源地址码　　　　B. 操作码　　　　C. 目标地址码　　　　D. 数据码

27. 计算机的主要性能指标不包括_____。

A. 主频　　　　B. 字长　　　　C. 运算速度　　　　D. 价格

28. 若要在 Excel 工作表的某单元格中输入分数 1/2，则正确的输入方法是_____。

A. 1/2　　　　B. ' 1/2　　　　C. 0 1/2　　　　D. 01/2

29. Internet 不能提供的服务是_____。

A. 文件传输服务　　　　　　　　B. 远程登录服务

C. 模拟信号与数字信号的转换　　D. 信息检索服务

30. 快捷方式就是一个扩展名为_____的文件。

A. dll　　　　B. lnk　　　　C. com　　　　D. exe

二、多选题

1. 关于冯·诺依曼计算机体系结构，下列叙述正确的有_____。

A. 计算机硬件系统由五大部件组成

B. 控制器完成各种算术运算和逻辑运算

C. 程序可以像数据那样存放在运算器中

D. 采用二进制形式表示数据和指令

2. 下列选项中可以作为输入设备的有_____。

A. 手写板　　　　B. 麦克风　　　　C. 投影仪　　　　D. 硬盘

3. 下列选项中属于高级语言的有_____。

A. 机器语言　　　　B. 汇编语言　　　　C. C 语言　　　　D. C++语言

4. 在 Windows 10 系统中，下列操作可移动文件或文件夹的有_____。

A. 在同一驱动器中直接用鼠标拖动

B. 剪切和粘贴

C. 在不同驱动器中，按住 Ctrl 键用鼠标拖动

D. 用鼠标右键拖动文件或文件夹到目的文件夹，然后在弹出的菜单中选择 "移动到当前位置"

5. 某 Access 2016 数据库中建有学生表，包含学号、姓名、性别、出生年月等字段，要查询该表中男同学的姓名和性别，需要应用的关系运算有_____。

A. 选择　　　　B. 投影　　　　C. 连接　　　　D. 笛卡儿积

6. 计算机网络性能指标有_____。

A. 主频　　　　B. 带宽　　　　C. 速率　　　　D. 时延

7. 下列选项中，属于多媒体元素的有_____。

A. 图形/图像　　　　B. 动画视频　　　　C. 声音文件　　　D. 硬盘、U 盘

笔记

8. 为了预防计算机病毒和降低被黑客攻击的风险，下列做法正确的是_____。

A. 不打开来历不明的电子邮件

B. 长期使用一个密码

C. 安装正版的杀毒软件和防火墙软件

D. 经常升级操作系统的安全补丁

9. 下列选项中，属于虚拟现实技术应用的有_____。

A. 网络直播   B. 3D 网游

C. 使用计算机模拟美容效果   D. 售楼处的沙盘

10. 下列选项中，能体现人工智能的应用有_____。

A. 无人驾驶   B. 语音输入   C. 人脸识别   D. 人机对弈

三、填空题

1. 二进制运算：$(1001)_2-(111)_2=$_____。

2. 内存容量为 8 GB，其中 B 是指_____。

3. 根据计算机软件分类，Windows 附件中的"计算器""画图"等程序都属于_____软件。

4. 文件名中标识文件类型的是_____。

5. 在 SQL 中，用于追加命令的是_____。

6. 在 HTML 中，设置字体使用的标记是_____。

7. TCP/IP 协议采用四层体系结构，包括网络接口层、_____、传输层和应用层。

8. 视频信息是连续变化的影像，其最小单位是_____。

9. 在密码技术中，由密文至明文的变化过程为_____。

10. 为了增强机构内部网络的安全性，在内部网和外部网之间构成的保护屏障叫作_____。

四、操作题

（一）Word 操作

要使用 Word 2016 制作如下图所示的排版效果，请结合所学知识，回答下列问题。

1. 要在页面顶部显示图中所示的"计算器的起源和发展"样式，最优操作是_____。

笔记

    A. 单击页面顶部区域输入"计算器的起源和发展"

    B. 在页面顶部区域添加文本框，输入"计算器的起源和发展"

    C. 在"插入"选项卡中选择"页眉"→"编辑页眉"，插入"计算器的起源和发展"

    D. 在"插入"选项卡中选择"页脚"→"编辑页脚"，插入"计算器的起源和发展"

2. 要设置图中的文档标题"计算器的起源和发展"字样，以下操作中肯定没有使用的是_____。

    A. 设置字体为"黑体"　　　　　B. 设置字形为"倾斜"

    C. 设置字号为"二号"　　　　　D. 设置段落对齐方式为"居中"

3. 要将图中所示的正文中所有文本段落的第一行缩进 2 个字符，最规范的操作是_____。

    A. 在每段开头增加 2 个空格

    B. 设置段落缩进为"左缩进"2 个字符

    C. 设置段落缩进为"悬挂缩进"2 个字符

    D. 设置段落缩进为"首行缩进"2 个字符

4. 将图中的图片下方段落设置为左右两列的形式，用到的功能是_____。

    A. "页面布局"选项卡中的"分栏"

    B. "段落"组中的"分栏"

    C. "视图"选项卡中的"并排查看"

    D. "视图"选项卡中的"双页"

5. 图中的图片原始大小为高 8.5 厘米，宽 6 厘米，现需调整为高 6 厘米，宽 5 厘米，完成调整图片大小后，发现高度和宽度不能同时调整为目标值。下列选项分析正确的是_____。

    A. 环绕方式选用错误　　　　　B. 插入方式选用错误

    C. 锁定纵横比设置错误　　　　D. 图片类型不符

6. 上题中所述问题的解决方法为_____。

（二）Excel 操作

王老师使用 Excel 2016 在新建工作簿中创建了结构如下图所示的工作表，用于处理 19 会计 1 班的"计算机文化基础"课成绩，请结合所学知识回答下列问题。

	A	B	C	D	E	F	G
1	计算机文化基础成绩						
2	学号	姓名	平时成绩	期中成绩	期末成绩	总成绩	名次
3							

7. 要将 A1 单元格的内容"计算机文化基础成绩"在 A1 至 G1 单元格区域水平居中，需要进行的操作是_____。

    A. 选择 A1 至 G1 单元格区域，在"设置单元格格式"对话框设置"水平对齐"为"居中"

笔记

  B. 选择 A1 至 G1 单元格区域，在"设置单元格格式"对话框设置"水平对齐"为"合并后居中"

  C. 选择 A1 至 G1 单元格区域，在"设置单元格格式"对话框设置"水平对齐"为"跨列居中"

  D. 选择 A1 至 G1 单元格区域，在"设置单元格格式"对话框设置"水平对齐"为"跨越合并"

  8. 该班 50 名学生学号的前 8 位均为"20190301"，后两位为顺序号 01~50。下列操作中可以快速填充所有学生学号的是_____。

  A. 在 A3 单元格输入"2019030101"，拖动 A3 单元格填充柄至 52 行

  B. 在 A3 单元格输入"'2019030101"，拖动 A3 单元格填充柄至 52 行

  C. 在 A3 单元格输入"=2019030101"，双击 A3 单元格填充柄

  D. 在 A3 单元格输入"2019030101"，双击 A3 单元格填充柄

  9. 除"总成绩"和"名次"两列之外，其他数据都输入完成后发现存在已重复输入的行，删除这些重复行的最优操作是_____。

  A. 以"学号"为分类字段"分类汇总"，将重复的行汇总为一行

  B. 选择"学号"列，利用"查找和定位"选项卡，将学号重复的行删除

  C. 以"学号"为关键字排序后，查找重复行并逐一删除

  D. 选择"学号"列，利用"删除重复项"删除学号重复行

  10. 按照"平时成绩占 20%、期中成绩占 20%、期末成绩占 60%"的要求填充"总成绩"列，并以总成绩从高到低填充"名次"列，进行了以下操作：

  步骤 1：在 F3 单元格输入"=C3×0.2+D3×0.2+E3×0.6"；

  步骤 2：拖动 F3 单元格填充柄至 52 行；

  步骤 3：在 G3 单元格输入"=RANK(F3,F3:F52)"；

  步骤 4：双击 G3 单元格填充柄。

  操作完成后发现名次与实际不符，你认为错误在于_____。

  A. 步骤 1   B. 步骤 2   C. 步骤 3   D. 步骤 4

  11. 上题中所述问题的解决方法为：_____。

  12. 要突出显示表格中总成绩小于 60 的单元格，可使用"开始"选项卡"样式"组中的_____。

  （三）PowerPoint 操作

  张老师要在 PowerPoint 2016 中对下图所示演示文稿中的幻灯片进行相关设置。请结合所学知识回答下列问题。

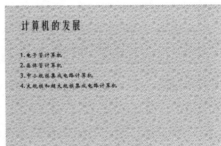

  13. 仅将第一张幻灯片的主题设为"平面"，下列操作正确的是_____。

A. 选中第一张幻灯片，在"设计"选项卡的"主题"组右击"平面"，选择"应用于选定幻灯片"

B. 选中第一张幻灯片，在"设计"选项卡的"主题"组右击"平面"，选择"应用于所有幻灯片"

C. 选中第一张幻灯片，在"设计"选项卡的"主题"组单击"平面"

D. 右击第一张幻灯片，选择快捷菜单里的"重设幻灯片"

14. 要将第二张幻灯片的背景纹理设置为"水滴"，应在"设置背景格式"中选择的填充方式为_____。

A. 纯色填充　　　　　　　　B. 渐变填充

C. 图片或纹理填充　　　　　D. 图案填充

15. 在幻灯片放映时，要将第一张幻灯片前进到第二张幻灯片的出现效果设置为"推进"，能够实现这一效果的是_____。

A. "动画"选项卡　　　　　　B. "设计"选项卡

C. "切换"选项卡　　　　　　D. "视图"选项卡

五、综合运用题

李老师使用 Office 2016 做 4 个班级的学生成绩分析，目前已经得到了学生的数学、英语、计算机 3 门课程考试成绩的 3 个 Excel 工作簿，每个工作簿的成绩表均包含"学号""姓名"和"成绩"三列，但三门课成绩表的学号排列顺序不一致。请结合以下三种情形回答相关问题。

（一）李老师使用 Excel 在新建工作簿中创建了结构下图所示的成绩表，并填入了"学号""姓名"两列数据。

	A	B	C	D	E	F	G
1	学号	姓名	班级号	数学	英语	计算机	平均分
2	2020031022	李红					
3	2020032024	王波					
4	2020032025	张俊文					
5	2020031001	周颖					
6	2020033012	王艳华					
7	2020033023	李芬兰					
8	2020031019	张乾坤					

1. 学号中的第 7、8 两位数字为班级号，现需采用填充方式填入所有学生班级号，下列函数中最适合的是_____。

A. LEFT( )　　B. RIGHT( )　　C. SUM( )　　D. MID( )

2. 要用函数将 3 门课的成绩汇总到如图中所示的成绩表，下列函数中最适合的是_____。

A. REPLACE( )　　B. VLOOKUP( )　　C. FIND( )　　D. IF( )

3. 要得到每个班每门课的平均成绩，下列操作步骤最合适的是_____。

A. 按"平均分"排序后再以"平均分"为分类字段汇总

B. 按"平均分"排序后再以"班级号"为分类字段汇总

C. 按"班级号"排序后再以"平均分"为分类字段汇总

D. 按"班级号"排序后再以"班级号"为分类字段汇总

4. 要想得到如下图所示的同一课程不同班级间平均成绩对比图表，但操作结果如图 b 所示，要将图 b 所示图表调整为图 a 所示，最佳操作是_____。

笔记

A. 重新选择图表数据区域　　B. 单击图表并进行坐标轴设置
C. 单击图表执行"切换行/列"　　D. 单击图表重新选择图表类型

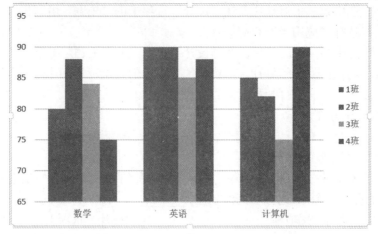

a

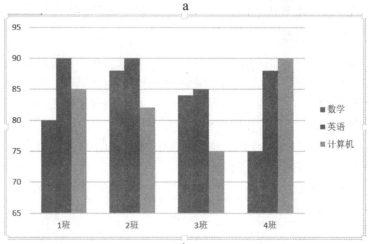

b

（二）李老师在 Excel 中筛选出平均分前 50 名学生的数据（包括学号、姓名、班级号、数学、英语、计算机、平均分），并通过复制粘贴方式将这些数据插入 Word 文档成为新的表格。

5. 该表格当前无框线，要求为表格设置所有框线，下列操作中最不可取的是＿＿＿＿＿。

A. 选中整个表格，在"表格工具"选项卡中选择"绘制表格"，并绘制表格框线

B. 选中整个表格，使用"表格工具"选项卡中的相应功能，将边框类型设置为"所有框线"

C. 选中整个表格，使用"开始"选项卡中的相应功能，将边框类型设置为"所有框线"

D. 选中表格的任意单元格，通过"表格属性"打开"边框和底纹"对话框，并将"应用于"设置为"表格"，"类型"设置为"全部"

6. 该表格超出了页面宽度，要设置表格所在页的纸张方向为横向，而其他

页的纸张方向仍保持纵向，应使用的操作是＿＿＿＿＿。

    A. 直接将表格所在页的纸张方向设置为横向

    B. 在打印预览中设置表格，所在页的纸张方向为横向

    C. 在表格前后各插入一个分页符，并设置表格所在页纸张方向为横向

    D. 在表格前后各插入一个分节符，并设置表格所在页纸张方向为横向

7. 该表格占据了多页，为了能够让表格在各页都显示标题行，应使用＿＿＿＿＿＿。

    A. "表格工具"选项卡中的"插入标题行"按钮

    B. "表格工具"选项卡中的"重复标题行"按钮

    C. "页面布局"选项卡中的"插入标题行"按钮

    D. "页面布局"选项卡中的"重复标题行"按钮

8. 下列操作中，不能将整个表格设为页面居中的是＿＿＿＿＿＿。

    A. 通过在表格左侧拖动鼠标选中所有行，单击"段落"组中的"居中"按钮

    B. 选定整个表格，单击"段落"组中的"居中"按钮

    C. 选定整个表格，单击"表格工具/布局"选项卡中的"水平居中"按钮

    D. 选中表格的任意单元格，通过"表格属性"对话框设置表格对齐方式为"居中"

（三）李老师准备在年终班级总结中，用 PowerPoint 展示图 a 所示的图表。

9. 将图 a 所示图表从 Excel 复制粘贴到 PowerPoint 幻灯片中时，为了后续能够设置图表中不同部分依次动画显示，下列粘贴选项中不能选用的是＿＿＿＿＿＿。

    A. 图片　　　　　　　　　　B. 保留源格式和嵌入工作簿

    C. 使用目标主题和链接数据　　D. 使用目标主题和嵌入工作簿

10. 图表设置了飞入动画效果后，为了能够对数学、英语、计算机 3 门课程分别展示不同班级间的平均成绩对比情况，应选用的"效果选项"是＿＿＿＿＿＿。

    A. 作为一个对象　　B. 按系列　　　　C. 按类别　　　　D. 逐个级别

➢ 综合应用题

为进一步深化教育教学改革，展示我校大学生的信息素养，为广大学生提供一个展示个人信息技术应用水平、提升计算机操作技能的平台，丰富校园文化，激发学生学习计算机的兴趣，烟台职业学院决定举办计算机应用技能竞赛。根据相关事宜完成以下任务。

一、制作通知

打开素材"大赛通知"，按照样张制作大赛通知。

笔记

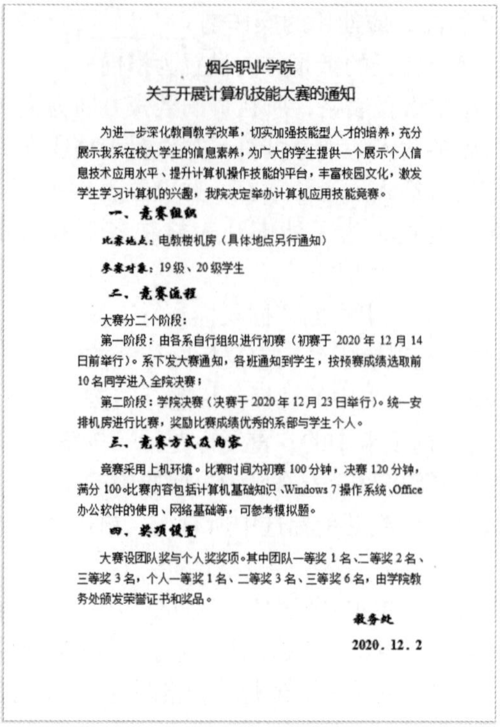
烟台职业学院

关于开展计算机技能大赛的通知

为进一步深化教育教学改革，切实加强技能型人才的培养，充分展示我系在校大学生的信息素养，为广大的学生提供一个展示个人信息技术应用水平、提升计算机操作技能的平台，丰富校园文化，激发学生学习计算机的兴趣，我院决定举办计算机应用技能竞赛。

一、竞赛组织

比赛地点：电教楼机房（具体地点另行通知）

参赛对象：19级、20级学生

二、竞赛流程

大赛分二个阶段：

第一阶段：由各系自行组织进行初赛（初赛于2020年12月14日前举行）。系下发大赛通知，各班通知到学生，按预赛成绩选取前10名同学进入全院决赛；

第二阶段：学院决赛（决赛于2020年12月23日举行）。统一安排机房进行比赛，奖励比赛成绩优秀的系部与学生个人。

三、竞赛方式及内容

竞赛采用上机环境。比赛时间为初赛100分钟，决赛120分钟，满分100。比赛内容包括计算机基础知识、Windows 7操作系统、Office办公软件的使用、网络基础等，可参考模拟题。

四、奖项设置

大赛设团队奖与个人奖奖项。其中团队一等奖1名、二等奖2名、三等奖3名，个人一等奖1名、二等奖3名、三等奖6名，由学院教务处颁发荣誉证书和奖品。

教务处

2020.12.2

图1 大赛通知样张

二、成绩分析

使用素材“学生成绩表.docx”和“学生信息表”，完成以下操作。

1. 使用 VLOOKUP 函数根据学生成绩表的成绩填写学生信息表的“成绩”字段。

2. 在“学生信息表”中完成以下操作。

（1）根据身份证号的第17位填写性别（奇数为男，偶数为女）。

（2）根据成绩填写等级字段（80分及以上为良好，60分及以上为合格，60分以下为不合格）。

（3）按成绩排名次。

（4）制作数据表透视表，统计各系部各等级的人数，将结果放入“等级人数”工作表中。

（5）建立如图2所示的数据透视图，显示各系部的平均成绩，将结果放入“系部成绩”工作表中。

（6）通过数据表透视表筛选各系部的学生姓名信息及成绩，生成各系相应的工作表存储在本工作簿中。

（7）设置工作表格式与页眉/页脚。在工作表第一行之上插入一新行，并在A1单元格中输入“大赛成绩表”，并将其“合并及居中”，作为表格的标题。将标题设置为黑体，字号为20，加粗，填充颜色为“浅蓝”，字体颜色为“红色”。将A2:H132区域行高设置为22，字体为楷体，字号为14，并加“所有边框”，设置打印区域为A2:H132，设置页眉中部为“院计算机技能大赛成绩”，右侧为系统日期，页脚中部为页码，右侧显示“制表人：自己本人姓名”。样张如图3

所示。

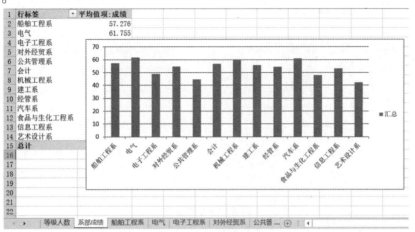

图 2   数据透视图样张

	姓名	性别	系部	身份证号	成绩	等级	名次
1	大赛成绩表						
2	姓名	性别	系部	身份证号	成绩	等级	名次
3	王元午	男	汽车系	371081199005206416	85.17	良好	1
4	宋宏阳	男	机械工程系	371082199004166711	85.095	良好	2
5	周婷	女	电气	370105199102035944	83.97	良好	3
6	张齐美	女	会计	370321198911290327	83.685	良好	4
7	任豪杰	男	汽车系	370613199007061017	79.95	合格	5
8	于文学	女	建工系	370306199108023532X	79.53	合格	6
9	迟玉俊	男	汽车系	370681198903044441X	78.615	合格	7
10	潘雯雯	女	信息工程系	370685199102276245	77.955	合格	8
11	朱琳	女	经管系	370611199012240324	77.745	合格	9
12	马金涛	男	机械工程系	371323198801145835	77.25	合格	10
13	于向东	男	船舶工程系	370304199012161917	76.89	合格	11
14	郝素悦	女	会计	370613199006061525	75.75	合格	12
15	曲昌亮	男	建工系	370612199003301734	75.675	合格	13
16	王建峰	男	船舶工程系	372301199005511543X	74.385	合格	14
17	李娜	女	对外经贸系	370982198806051362	73.545	合格	15
18	陈明瑞	男	电气	370683199004161513	72.75	合格	16
19	吴成浩	男	信息工程系	372330199001122474	71.685	合格	17
20	张昕	男	经管系	370602199010231313	71.64	合格	18
21	于琦	男	机械工程系	370682199001128113	71.115	合格	19
22	于云光	男	对外经贸系	370685199009040019	70.845	合格	20
23	栾军凯	男	电气	371082199011197719	70.455	合格	21
24	王瑞成	男	建工系	371325199010165335	68.565	合格	22
25	蓝令涛	男	船舶工程系	370126199009215619	68.025	合格	23
26	王冬冬	男	建工系	370212199012281016	67.47	合格	24
27	梁怀平	男	信息工程系	370784198702275056	66.72	合格	25

图 3   设置工作表格式与页眉/页脚样张

三、批量生成成绩单

1. 打开素材文档"成绩单.docx"，按样张设置表格格式。设置表格行高 1.5
厘米，字体为幼圆，小四号，表格及单元格内容均居中，按样张设置蓝色边框，
外边框 1.5 磅，设置底纹"水绿色，强调文字颜色 5，淡色 80%"，以原文件名
保存。

2. 通过邮件合并，利用数据源文件"学生成绩.xlsx"，在合适位置插入姓名、
考场、系部、准考证号、座号、成绩等合并域，添加成绩等级域，完成邮件合并，
合并后以"大赛成绩单"为文件名保存生成的文件。样张如图 4 所示。

烟台职业学院
计算机技能大赛成绩单

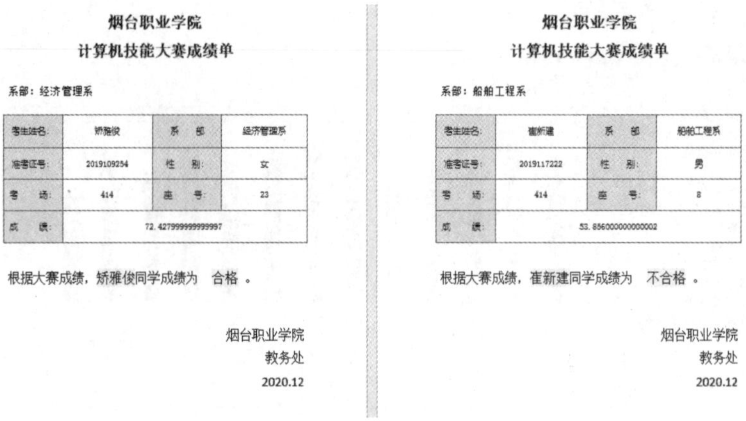

系部：经济管理系

考生姓名	矫雅俊	系　部	经济管理系
准考证号	2019109254	性　别	女
考　场	414	座　号	23
成　绩：	72.427999999999997		

根据大赛成绩，矫雅俊同学成绩为　合格。

烟台职业学院
教务处
2020.12

烟台职业学院
计算机技能大赛成绩单

系部：船舶工程系

考生姓名	崔新建	系　部	船舶工程系
准考证号	2019117222	性　别	男
考　场	414	座　号	8
成　绩：	53.856000000000002		

根据大赛成绩，崔新建同学成绩为　不合格。

烟台职业学院
教务处
2020.12

图 4　成绩单样张

四、制作计算机技能大赛分析报告

1. 打开素材文件"计算机技能大赛分析报告"，要求添加封面，写明题目，最后一页为"谢谢"，艺术字，效果自定义。应用给定的"报告分析"主题，封面如图 5 所示。

2. 有介绍内容，并建立超链接，使其链接到相应的幻灯片。

3. 除封面和目录外的幻灯片有返回按钮，能返回目录页（第 2 张幻灯片）。

4. 通过母版在所有幻灯片上添加学院 LOGO。

5. 有图片，有图表，有数据透视表。

6. 通过排练计时设置幻灯片的切换时间。

7. 通过幻灯片浏览视图为所有幻灯片添加"库"的切换效果。

8. 为图表添加一种进入动画效果，要求自动启动动画。

图 5　分析报告封面样张

➢ 习题答案

项目一

一、单选题

1. D	2. D	3. D	4. C	5. D	6. B	7. A	8. C	9. A
10. B	11. C	12. D	13. B	14. B	15. D	16. B	17. C	18. B

19. D	20. A	21. A	22. A	23. C	24. C	25. A	26. A	27. C
28. D	29. C	30. C	31. C	32. D	33. C	34. D	35. C	36. A
37. A	38. B	39. C	40. A	41. D	42. D	43. A	44. A	45. A
46. B	47. D	48. C	49. A	50. B				

二、多选题

1. ABCD	2. AC	3. ABD	4. AD	5. ABD	6. ACD	7. BCD	8. AD	9. CD
10. ABCD	11. BCD	12. ABD	13. BD	14. AC	15. AB	16. AC	17. ABD	
18. BC	19. ABC	20. ACD						

三、填空题

1. 操作系统	2. 扩展名	3. 任务栏	4. 还原	5. 步骤记录器	6. Microsoft
7. 网络	8. 多用户多任务	9. 分时	10. 实时	11. 回收站
12. 窗口	13. 硬盘	14. 剪切	15. 一	16. 文件	17. 255
18. txt	19. 一	20. 记事本			

项目二

一、单选题

1. D	2. D	3. C	4. A	5. B	6. C	7. B	8. C	9. C
10. C	11. D	12. B 1	13. C	14. B	15. D	16. B	17. D	18. D
19. C	20. A	21. B	22. A	23. B	24. B	25. D	26. C	27. B
28. A	29. A	30. C	31. B	32. B	33. A	34. C	35.C	36. A
37. C	38. D	39. B	40.A					

二、多选题

1. CD	2. BCD	3. ABD	4. ACD	5. CD	6. ABC	7. AB	8. AB
9.ABD	10.AB	11. ACD	12. ACD	13. AC	14. ACD	15. BCD	16. BC
17. ABC	18. AB	19.AD	20.CD				

三、填空题

1. 页面	2. 回车符	3. Shift	4. Ctrl+F6	5. Shift+F9	6. Ctrl
7. 域	8. 替换	9. docx	10. 撤消	11. 回车	12. 单击
13. 行	14. 格式刷	15. Ctrl+S	16. 审阅	17. Alt
18. Ctrl+Shift+Home	19. Ctrl+N	20. 选定			

四、操作题

| 1. C | 2. B | 3. C | 4. D | 5. A |

项目三

一、单选题

1. D	2. B	3. A	4. C	5. C	6. C	7. C	8. A	9. A
10.B	11. C	12. B	13. A	14. B	15. B	16. C	17. A	18. D
19. B	20. B	21. B	22. A	23. A	24. C	25. B	26. C	27. D
28. A	29. A	30. B	31. C	32. B	33. A	34. C	35.B	36. D
37. D	38. C	39. C	40. C	41. A	42. B	43. D	44. B	45. A

二、多选题

1. ABCD	2. BCD	3. BD	4. AC	5. ABC	6. CD	7. CD	8. ABC
9. AD	10. ABD	11. BC	12. ABD	13. BCD	14. ABC	15. BCD	16. ABD
17. AD	18. ABC	19. ABC	20. BC	21. AB	22. BC	23. ABCD	24. BC
25. CD							

三、填空题

| 1. 3 | 2. 空格 | 3. 右对齐 | 4. 嵌入式 | 5. Ctrl+Shift+; |
| 6. 隐藏 | 7. 排序 | 8. = | 9. $ | 10. 盈亏 |

11. =A3+$B$2　12. 除数为 0　13. 相对　14. 行号　15. 填充柄
16. 满足条件　17. Shift+F11　18. Ctrl+Enter　19. 左　20. xlsx
21. 2　22. 引用无效　23. 1　24. 右
25. B2 到 B100 单元格中大于 90 的个数为 2

四、操作题

1. A　2. B　3. D　4. C　5. B

项目四

一、单选题

1. B　2. B　3. A　4. C　5. C　6. D　7. B　8. B　9. A
10. C　11. D　12. A　13. B　14. D　15. A　16. D　17. B　18. C
19. D　20. B　21. C　22. C　23. B　24. C　25. D　26. C　27. B
28. C　29. D　30. D　31. D　32. D　33. A　34. A　35. D　36. D
37. C　38. B　39. C　40. A　41. A　42. A　43. C　44. D　45. D
46. D　47. C　48. C　49. A　50. D　51. A　52. B　53. A　54. D
55. D　56. D　57. C　58. B　59. B　60. C

二、多选题

1. AB　2. AC　3. AC　4. ABC　5. AC　6. ABD　7. AB　8. AB
9. ABCD　10. BD　11. AD　12. BD　13. AC　14. ABCD　15. BD　16. AB
17. ABC　18. AB　19. ABD　20. ACD

三、填空题

1. 演示文稿　2. 普通视图　3. 动作　4. POTX　5. 背景样式
6. 超链接　7. 母版　8. 占位符　9. 幻灯片母版　10. 节
11. 动画刷　12. 打包　13. 进入动画　14. 阅读　15. 幻灯片浏览视图
16. 所有幻灯片　17. 主题　18. 模板　19. 排练计时　20. Esc

四、操作题

1. C　2. D　3. B　4. D　5. C　6. A

综合练习题

一、单选题

1. B　2. C　3. D　4. A　5. C　6. A　7. B　8. D　9. D
10. B　11. A　12. C　13. A　14. A　15. A　16. A　17. B　18. C
19. B　20. A　21. C　22. C　23. B　24. A　25. A　26. B　27. D
28. C　29. C　30. B

二、多选题

1. AD　2. ABD　3. CD　4. ABD　5. AB　6. BCD　7. ABC　8. ACD　9. BC
10. ABCD

三、填空题

1. $(10)_2$　2. 字节　3. 应用　4. 扩展名　5. Insert
6. <font>　7. 网络层　8. 帧　9. 解密　10. 防火墙

四、操作题

1. C　2. B　3. D　4. A　5. C　6. 取消锁定纵横比　7. C　8. B
9. D　10. C　11. 将 G3 单元格公式修改为 "=RANK(F3,$F$3:$F$52)"
12. 条件格式　13. A　14. C　15. C

五、综合题

1. D　2. B　3. D　4. C　5. A　6. D　7. B　8. C　9. A
10. B

附录1 山东省高等学校《计算机应用基础》(Windows 10+ Office 2016)考试大纲

基本要求

1. 理解信息技术、计算思维和计算机文化的基础知识，掌握计算机系统的组成和各组成部分 的功能。

2. 了解操作系统的基本知识，掌握 Windows 10 的基本操作和应用，熟练掌握一种汉字输入方法。

3. 了解文字处理的基本知识，掌握 Word 2016 的基本操作和应用。

4. 了解电子表格软件的基本知识，掌握 Excel 2016 的基本操作和应用。

5. 了解演示文稿的基本知识，掌握 PowerPoint 2016 的基本操作和应用。

6 了解计算机网络的基本概念，了解 Internet 的初步知识，掌握 Internet 的常用服务。了解网页制作的基本知识。

7. 了解多媒体的基础知识，掌握常用多媒体软件的使用。

8. 了解网络信息安全的基本知识。

9. 理解新一信息技术的基本概念、特点及应用。

10. 掌握实验教程中项目所涉及的技术和方法。

一、计算机基础知识

数据和信息，信息社会，信息技术，"计算机文化"的内涵，计算思维等基本知识。计算机的概念、起源、发展、特点、类型、应用及其发展趋势。有关进制的相关概念，二、八、十、十六进制之间的相互转换。数值、字符（西文、汉字）在计算机中的表示；数据的存储单位（位、字节、字）。计算机硬件系统的组成和功能：CPU、存储器（ROM、RAM）以及常用的输入输出设备的功能。计算机软件系统的组成：系统软件和应用软件，程序设计语言（机器语言、汇编语言、高级语言）的概念。微型计算机硬件配置及常见硬件设备。

二、Windows 10 操作系统

操作系统的概念、功能、特征及分类，Windows 10 基本知识及基本操作，桌面及桌面操作，窗口的组成，对话框和控件的使用，剪贴板的基本操作。

文件及文件夹管理：文件和文件夹的概念、命名规则，掌握文件资源管理器的操作，文件和文件夹的创建、移动、复制、删除及恢复（回收站操作）、重命名、查找和属性设置、快捷方式的创建、文件的压缩等，库操作。

Windows 10 中控制面板和常用附件程序的使用。

笔记

Windows10 的系统维护与性能优化：磁盘的格式化、磁盘的清理、磁盘优化或碎片整理，磁盘检查，文件的备份和还原等。

三、字处理软件 Word 2016

Office 2016 的基本知识：Office 2016 版本及常用组件，典型字处理软件，Office 2016 应用程序的启动与退出，Office 2016 应用程序界面结构，Backstage 视图，Office 2016 界面的个性定制，Office 2016 应用程序文档的保存、打开，Office 2016 应用程序帮助的使用。

Word 2016 的主要功能，文档视图，文本及符号的录入和编辑操作，文本的查找与替换，撤销与恢复，文档校对。

字符格式、段落格式的基本操作，项目符号和编号的使用，分节、分页和分栏，设置页眉、页脚和页码、边框和底纹，样式的定义和使用，版面设置。

Word 2016 表格操作：表格的创建、表格编辑、表格的格式化，表格中数据的输入与编辑，文字与表格的转换；表格计算。

图文混排：屏幕截图，插入和编辑剪贴画、图片、艺术字、形状、数学公式、文本框等，实现图文混排；插入 SmartArt 图形。

文档的保护与打印，邮件合并，插入目录，审阅与修订文档。

四、电子表格系统 Excel 2016

Excel 2016 的窗口组成，工作簿和工作表的基本概念，单元格和单元格区域的概念，工作簿的新建、打开、保存、关闭。

数据输入和编辑：各种类型数据的输入、编辑方法及数据填充功能的使用，批注的使用。

工作表、行、列、单元格和单元格区域的管理：工作表的插入、删除、复制、移动、重命名和隐藏等基本操作，行、列的插入与删除，行、列的锁定和隐藏，单元格区域的命名等。

公式和函数的使用：绝对引用、相对引用、混合引用和三维地址引用，工作表中公式的输入与常用函数的使用。

常用函数：MOD、SUM、AVERAGE、SUMIF、AVERAGEIF、IF、COUNT、COUNTIF、MAX、MIN、LEFT、RIGHT、MID、ROW、COLUMN、NOW、YEAR、MONTH、DAY、AND、OR、VLOOKUP、RANK 等。

格式化工作表：工作表格式化及数据格式化，调整单元格的行高和列宽，自动套用格式和条件格式的使用。

数据处理：数据清单的概念，数据的排序、筛选、分类汇总、合并计算，数据透视表，外部数据的获取，模拟分析等。

图表及文档打印：图表的创建和编辑，迷你图，页面设置，视图及分页符使用，表格打印。

五、演示文稿软件 PowerPoint 2016

演示文稿基础：演示文稿的创建、打开、保存，模板及演示文稿的视图。

幻灯片设计与管理：版式，幻灯片的新建及组织，幻灯片页面内容的编辑操作，对象的插入及格式化，格式化幻灯片、用"节"管理幻灯片。

幻灯片外观的修饰：背景、主题和母版。

动画效果及交互式幻灯片设置：设置幻灯片动画效果、动画刷的使用；设置幻灯片切换效果；超级链接和动作设置。

演示文稿的播放、打印及其他操作：设置幻灯片放映方式及放映选项，排练计时及自定义放映设置，幻灯片放映；演示文稿的打印及导出。

六、计算机网络与网页制作

计算机网络基础知识：计算机网络的概念、功能、发展趋势、组成、分类，数据通信基础知识。

Internet 基础知识：Internet 的起源及发展；Internet 的组成及常用专业术语；Internet 的 IP 地址及域名系统；Internet 的常用接入方式；Internet 应用。

网页基础知识：网站与网页的概念，Web 服务器与浏览器的工作原理；网页内容，动态网页和静态网页，常用网页制作工具，网页设计的相关计算机语言，HTML 语言的基本概念、常用 HTML 标记的意义和语法。

七、数字多媒体技术基础

多媒体技术的概念，多媒体技术的特点，多媒体技术中的媒体元素，流媒体技术。多媒体计算机系统的组成。多媒体技术：音频处理技术、图像处理技术、视频处理技术和动画处理技术。多媒体技术的应用领域。Photoshop、Premiere 等常用多媒体软件的简单应用。

八、信息安全

信息安全的基本知识，网络礼仪与道德。计算机犯罪、计算机病毒、黑客，常用的信息安全技术。计算机病毒和防火墙。Windows 10 操作系统安全，移动互联网安全，电子商务和电子政务安全。信息安全政策与法规。

九、信息技术前沿

信息技术前沿：虚拟现实的概念、特点、组成及应用，增强现实的概念。云计算的概念、特点、分类、云计算的体系结构及服务类型、关键技术及应用；高性能计算的概念、关键技术及应用。物联网的概念、特点、体系结构、关键技术及应用。大数据的概念、特点及应用。区块链的概念、特点、分类、工作过程、解决的核心问题及应用。

笔记

附录 2　ASCII 码

ASCII 码值	控制字符	ASCII 码值	控制字符	ASCII 码值	控制字符	ASCII 码值	控制字符
0	NUT	32	(space)	64	@	96	`
1	SOH	33	!	65	A	97	a
2	STX	34	"	66	B	98	b
3	ETX	35	#	67	C	99	c
4	EOT	36	$	68	D	100	d
5	ENQ	37	%	69	E	101	e
6	ACK	38	&	70	F	102	f
7	BEL	39	,	71	G	103	g
8	BS	40	(	72	H	104	h
9	HT	41	)	73	I	105	i
10	LF	42	*	74	J	106	j
11	VT	43	+	75	K	107	k
12	FF	44	,	76	L	108	l
13	CR	45	-	77	M	109	m
14	SO	46	.	78	N	110	n
15	SI	47	/	79	O	111	o
16	DLE	48	0	80	P	112	p
17	DCI	49	1	81	Q	113	q
18	DC2	50	2	82	R	114	r
19	DC3	51	3	83	X	115	s
20	DC4	52	4	84	T	116	t
21	NAK	53	5	85	U	117	u
22	SYN	54	6	86	V	118	v
23	TB	55	7	87	W	119	w
24	CAN	56	8	88	X	120	x
25	EM	57	9	89	Y	121	y
26	SUB	58	:	90	Z	122	z
27	ESC	59	;	91	[	123	{
28	FS	60	<	92	/	124		
29	GS	61	=	93	]	125	}
30	RS	62	>	94	^	126	~
31	US	63	?	95	—	127	DEL